国家自然科学基金青年基金项目(51304073,51304071)
国家自然科学基金煤炭联合基金项目(U1361205)
中国博士后科学基金面上项目(2017M612396,2017M612397)

离子液体对煤结构及氧化燃烧性质的影响

王兰云　著

中国矿业大学出版社

内 容 简 介

本书利用离子液体来破坏煤中活性基团,从煤的微观结构和宏观放热特性两方面,就离子液体对煤氧化燃烧性质的影响进行了系统研究。主要内容包括:离子液体的结构及其溶解性质、红外光谱实验研究离子液体对煤中官能团的影响、热分析实验研究离子液体对煤氧化放热特性的影响、密度泛函法研究离子液体与煤相互作用机理。所述研究内容具前瞻性、先进性和实用性。

本书可供从事安全工程及相关的科研与工程技术人员参考。

图书在版编目(CIP)数据

离子液体对煤结构及氧化燃烧性质的影响/王兰云著.
—徐州:中国矿业大学出版社,2017.8
ISBN 978 - 7 - 5646 - 3645 - 6

Ⅰ.①离… Ⅱ.①王… Ⅲ.①离子—液体—影响—煤—燃烧—研究 Ⅳ.①TQ534

中国版本图书馆 CIP 数据核字(2017)第 187596 号

书　　名	离子液体对煤结构及氧化燃烧性质的影响
著　　者	王兰云
责任编辑	王美柱
出版发行	中国矿业大学出版社有限责任公司
	(江苏省徐州市解放南路　邮编 221008)
营销热线	(0516)83885307　83884995
出版服务	(0516)83885767　83884920
网　　址	http://www.cumtp.com　E-mail:cumtpvip@cumtp.com
印　　刷	江苏凤凰数码印务有限公司
开　　本	787×960　1/16　**印张** 7.25　**字数** 155 千字
版次印次	2017 年 8 月第 1 版　2017 年 8 月第 1 次印刷
定　　价	28.00 元

(图书出现印装质量问题,本社负责调换)

前　言

　　煤与氧接触过程中,其中的非芳香结构如桥键、侧链等首先被破坏;环烷烃和杂环类化学性质较为稳定,不易在常温常压条件下与空气中的氧发生反应;缩合芳香环结构性质最稳定,需要在高温条件下才能分解。在煤化学领域,常需要利用溶剂溶胀溶解煤以改变煤的物理化学性质,如煤气化、液化、萃取、洁净燃烧等研究领域。

　　一般在常温常压下进行的有机溶剂溶解煤实验不会导致煤中共价键的断裂,仅破坏煤中的诸如氢键和 π-π 相互作用等分子间作用力。煤中大相对分子质量、高缩合程度的成分在溶剂中难溶。常用的有机溶剂挥发性较高,对环境污染较大,因而煤净化、液化、气化研究领域都在积极寻找低挥发的无毒绿色替代溶剂。

　　离子液体通常是由有机阳离子和无机阴离子组成,在室温或室温附近温度下呈液态的盐。国内外不少学者认为离子液体对气体、有机物及聚合物都有较好的溶解能力,且具有选择性。煤主体结构为有机大分子聚合物,从理论上分析离子液体对煤应该具有一定的溶解溶胀能力,进而影响到煤的氧化燃烧、热解等过程。离子液体与煤的作用力程度与煤的结构、咪唑环上的取代链以及阴离子性质有关,离子液体对煤的某些特殊性质的改变还需要进行深入研究和探讨。

　　本书以煤的易氧化官能团为破坏对象,采用离子液体来破坏煤的结构,影响煤的氧化燃烧进程。通过实验测试各种离子液体处理前后煤中官能团变化;考察离子液体处理煤的氧化放热过程,分析不同离子液体对煤微观结构和宏观放热性质的影响;采用密度泛函理论(DFT)计算离子液体的电子结构,分析其活性位,据此揭示离子液体-煤之间的相互作用机理,为设计出能够抑制煤自燃的离子液体提供实验及理论依据,并为离子液体应用于煤液化、气化等研究领域提供理论参考。

　　本书共 6 章,第 1 章介绍了煤结构中活性基团在氧化过程中的作用以及有机溶剂用于煤溶解的研究现状;第 2 章详细介绍了离子液体对气体、有机物的溶解特性,并利用电子显微镜对煤在离子液体中的分散进行了观察;第 3 章采用红外光谱仪测试了离子液体处理前后煤结构的变化,分析离子液体对煤中官能团的影响,提出了离子液体溶解煤的"瞬时配合物"模型;第 4 章利用热分析仪对离子液体处理前后煤氧化放热特性进行了实验研究,分析了不同结构特征离子液体对煤放热速率、失重速率以及活化能的影响,并对离子液体影响煤交联反应的过程进行了阐述;第 5 章对煤、离子液体单体系以及煤-离子液体二元体系进行了量子化学计算,揭示了离子液体与煤之间的微观作用机理。

本书的研究得到了国家自然科学基金青年基金项目"离子液体溶解甲烷机理及影响因素研究(51304073)"和"煤田火区煤岩裂隙发育与火区扩散的耦合规律及机理研究(51304071)",国家自然科学基金煤炭联合基金项目"浅埋藏近距离煤层群开采煤炭自燃防治理论与技术基础(U1361205)",中国博士后科学基金面上项目"金属络合类离子液体吸收分离 CO_2/CH_4 实验及机理(2017M612396)"和"煤田火区裂隙岩体中煤层燃烧热动力学特性(2017M612397)"等资助,在此表示衷心的感谢!

本书是在笔者博士论文基础上形成的,离不开博士生导师蒋曙光教授的悉心指导。蒋老师严谨的治学态度、渊博的学识、敏锐的洞察力、周密的思维方式、严谨的科研作风深深影响着笔者,在此向蒋老师表示深深的感谢和敬意!

受笔者水平所限,书中难免有不足之处,敬请读者予以斧正!

著 者

2017 年 5 月于河南理工大学

变量注释表

e	电子基本电荷量,C
h	普朗克常数,J·s
m	电子质量,kg
r	两个电子之间的距离,m
ρ	电荷密度,C/cm³
E_d	电子体系的能量,J
E_{xc}	密度为 ρ 的相互作用电子体系的交换关联能,J
T_k	电子体系的动能,J
T_{k0}	在电荷密度 ρ 下无相互作用电子体系的动能,J
V	电子体系的外部势,V
V_H	电子的直接库仑相互作用势,V
V_c	电子作用引起的库仑势,V
V_{ee}	电子间相互作用势,V
V_{xc}	交换关联势,V
V_{eff}	有效定域势,V
V_{xcLDA}	LDA 近似得到的交换关联势,V
V_{xcGGA}	GGA 近似得到的交换关联势,V
ε_{xc}	用均匀电子气得到的交换关联能密度,J/cm³
ε_i	能级 i 的能量密度,J/cm³
Φ	单电子波函数
t	时间,s
A	指前因子
E	活化能,kJ/mol
T	温度,℃
R	气体常数,$R=8.314$ J/(mol·K)

Q	煤放热量，kJ/kg
dQ/dt	放热速率，mW/mg
ΔH	煤的氧化平均发热量，MJ/kg
$A_b(\nu)$	波数 ν 处的吸光度
$T_r(\nu)$	透射比，%
$K(\nu)$	波数 ν 处的吸光度系数
b	光程长，m
c	样品的浓度，mol/L
$AgBF_4$	四氟硼酸银
CS_2	二硫化碳
DFT	Density Functional Theory，密度泛函理论
FTIR	傅立叶红外光谱测试
HK	Hohenberg-Kohn
K-M	Kubelke-Munk
NMP	N-甲基-2-吡咯烷酮
STA	同步热分析仪
THF	四氢呋喃
[AOEmim]BF_4	1-乙酸乙酯基-3-甲基咪唑四氟硼酸盐
[Aeim]Cl	1-烯丙基-3-乙基咪唑氯盐
[Amim]Cl	1-烯丙基-3-甲基咪唑氯盐
[Amim]BF_4	1-烯丙基-3-甲基-咪唑四氟硼酸盐
[Amim]HCO_2	1-烯丙基-3-甲基咪唑甲酸盐
[Bmim]Cl	1-丁基-3-甲基咪唑氯盐
[Bmim]Br	1-丁基-3-甲基咪唑溴盐
[Bmim]AC	1-丁基-3-甲基咪唑醋酸盐
[Bmim]OH	氢氧化 1-丁基-3-甲基咪唑盐
[Bmim]BF_4	1-丁基-3-甲基咪唑四氟硼酸盐
[Bmim]PF_6	1-丁基-3-甲基咪唑六氟磷酸盐
[Bmin]BF_4	1-丁基-3-甲基咪唑四氟硼酸盐
[Bmim]$AlCl_4$	1-丁基-3-甲基咪唑四氯化铝盐
[Bmim]Tf_2N	1-丁基-3-甲基咪唑双(三氟甲烷磺酰)亚胺盐
[Bmim]CF_3CO_2	1-丁基-3-甲基咪唑三氟乙酸盐
[Bmim]$C_3F_7CO_2$	1-丁基-3-甲基咪唑全氟丁酸盐

[Bmim](CF₃SO₂)₂N	1-丁基-3-甲基咪唑双三氟化乙基磺酰基亚胺盐
[Bmim]OTf/[Bmim]CF₃SO₃	1-丁基-3-甲基咪唑三氟甲磺酸盐
[Cₙmim]CF₃COO	1-烷基-3-甲基咪唑三氟乙酸盐
[Cₙmim]CF₃SO₃	1-烷基-3-甲基咪唑三氟甲磺酸盐
[Cₙmim]PF₆	1-烷基-3-甲基咪唑六氟磷酸盐
[Cₙmim](CF₃SO₂)₂N	1-烷基-3-甲基咪唑双三氟化乙基磺酰基亚胺盐
[Dmim]Cl	1,3-二甲基咪唑氯盐
[(CN)₂N]⁻	氨基丙二腈离子
[Dmim]PF₆	1,3-二甲基咪唑六氟磷酸盐
[EtNH₃]NO₃	硝酸乙基铵
[Emim]AlCl₄	1-乙基-3-甲基咪唑四氯化铝盐
[Emim]BF₄	1-乙基-3-甲基咪唑四氟硼酸盐
[Emim]PF₆	1-乙基-3-甲基咪唑六氟磷酸盐
[Emim]HSO₄	1-乙基-3-甲基咪唑硫酸氢盐
[Emim]NO₃	1-乙基-3-甲基咪唑硝酸盐
[Emim]AC	1-乙基-3-甲基咪唑醋酸盐
[Emim]CF₃COO	1-乙基-3-甲基咪唑三氟乙酸盐
[Emim](CF₃SO₂)₂N	1-乙基-3-甲基咪唑双三氟化乙基磺酰基亚胺盐
[Emim]CF₃SO₃	1-乙基-3-甲基咪唑三氟甲磺酸盐
[EPy]BF₄	N-乙基吡啶四氟硼酸盐
[EPy]BF₆	N-乙基吡啶六氟硼酸盐
[EPy]PF₆	N-乙基吡啶六氟磷酸盐
[EPy]Cl	氯化 N-乙基吡啶
[EPy]Br	溴化 N-乙基吡啶
[HOEmim]BF₄	1-羟乙基-3-甲基咪唑四氟硼酸盐
[HOEmim]PF₆	1-羟乙基-3-甲基咪唑六氟磷酸
[Hemim]Cl	1-(2-羟乙基)-3-甲基咪唑氯盐
[Heeim]Cl	1-(2-羟乙基)-3-乙基咪唑氯盐
[Hevim]Cl	1-(2-羟乙基)-3-乙烯基咪唑氯盐
[Hmim]BF₄	N-甲基咪唑四氟硼酸盐
[Mpmim]BF₄	1-异丁烯基-3-甲基咪唑四氟硼酸盐
[(MA)mim]Cl	1-甲基-3-(2-甲基烯丙基)咪唑氯盐
[(MeO)HPO₂]⁻	甲基磷酸酯离子

$[(MeO)MePO_2]^-$	甲基磷酸甲酯离子
$[(MeO)_2PO_2]^-$	磷酸二甲酯离子
$[NH_2 p\text{-}bim]BF_4$	1-丁胺-3-丁基咪唑四氟硼酸盐
$[Omim]BF_4$	1-辛基-3-甲基咪唑四氟硼酸盐
$[Omim]PF_6$	1-辛基-3-甲基咪唑六氟磷酸盐

目　　录

1 绪 论

1.1 概 述

煤炭自燃是煤中易氧化活性基团与空气中的氧气通过物理吸附、化学吸附等方式接触,进而发生氧化反应,同时释放反应热和 CO_2、CO、C_2H_6、C_2H_4、C_2H_2 等有毒有害气体。当氧化产热速率大于向环境的散热速率,产生热量积聚使得煤体温度缓慢而持续上升,达到煤的临界自热温度后,氧化升温速率快速增加,最后达到煤的着火点温度而引发燃烧;反之,若氧化产热速率小于向环境的散热速率,煤体得不到足够的热量供给,就不会发生自燃[1]。煤的低温氧化蓄热过程是煤发生自燃的基础。

影响煤自燃的主要因素包括:煤的化学成分、煤的物理性质、煤层的地质条件、开拓开采条件、矿井通风条件。尽管如此,煤炭自燃必须具备以下条件:(1)煤有自燃倾向性;(2)煤体呈破碎状态,且有连续供氧;(3)热量积聚;(4)上述三个条件持续足够的时间。煤炭自燃大多发生在井下的采空区、煤巷冒顶处和出现裂隙或破碎的煤柱内。在开采过程中,煤体在采动压力的作用下受压而破碎,形成大量漏风通道;在回采过程中,采空区留有大量的浮煤;停采线压差最大,漏风严重,这些都会为煤自燃提供有利的供氧条件。当煤层具有自燃倾向性,且蓄热环境较好时,煤体不断氧化升温,达到着火温度引发燃烧。而我国广泛应用放顶煤技术进行煤炭开采。这种开采方法冒落高度大,采空区遗煤多,漏风严重,导致自然发火频繁。煤炭自燃火灾的火源隐蔽,不易寻找,而救援人员又难以进入采空区或煤柱内灭火,因此火区燃烧持续时间长,有的自燃火区甚至持续数十年、上百年而不熄灭。若采空区密闭不严,有害气体侵入巷道,将严重威胁到井下工作人员生命;若工作面上隅角积聚的瓦斯浓度处于爆炸极限范围内,采空区煤自燃产生的火苗还可能会引发瓦斯爆炸,造成更为严重的灾害。

《煤矿安全生产"十一五"规划》中统计我国大中型煤矿自然发火危险程度严重或较严重(Ⅰ、Ⅱ、Ⅲ和Ⅳ级)的占 72.9%;国有重点煤矿中,47.3% 的矿井具有自然发火危险;小煤矿中,85.3%具有自然发火危险。井下采空区煤炭自燃火灾给矿井带来惨重的人员伤亡和巨大的经济损失,严重影响和威胁煤矿安全生产。因此,抑制煤炭自燃,减轻煤自燃造成的危害是井下安全生产的有力保障之一。

1.2　煤自燃防治研究现状

为防止煤炭自燃灾害的发生,矿井的通风系统、开采方法、顶板管理等环节都必须贯彻和符合防火要求,如采用均压调风、封堵防漏风等业已成熟的技术措施。在通风防火不能有效达到预期效果时,煤矿多采用防灭火材料来被动抑制采空区煤体氧化进程。目前,国内采用的主要防灭火材料包括惰气、黄泥浆、阻化剂、高分子凝胶和泡沫材料等[1-6]。统计 2008～2010 年的煤矿火灾事故,有伤亡报道的仅有四起,包括电缆着火和炸药自燃,而采空区煤自燃引起的人员死亡事故为零。这是煤矿重视采空区防治煤自燃的成果。但通过长期的现场应用和效果观察,这些防灭火材料也已经显示出种种局限和不足。

注惰气防火时 N_2 易随漏风扩散,无法保证足够多的惰性气体长时间地滞留在所注区域内,防灭火效果较差。由于 CO_2 相对分子质量比空气大,具有抑爆性强、吸附阻燃等特点,成为目前广泛使用的灭火剂之一。该技术可在一定区域形成 CO_2 惰化气层,CO_2 密度大,易沉积在底部,对低位火源具有较好的控制作用,并能压挤出有害气体以控制火区灾情。国外学者 Ann. G. Kim[7] 利用－180 ℃的液氮中混合固体 CO_2 颗粒的浆体注入高温区,起到阻燃降温的作用。该方法虽然效果显著,但是浆体制造要求较高,需长期注入,因此并未广泛应用于煤矿。灌浆方法易在采空区形成"拉沟现象",即所灌浆液在流动过程中易形成沟渠,无法充分全面覆盖采空区浮煤,且无法覆盖高处浮煤。再者,目前还没有准确的方法定位采空区高温点,因此浆液更加难以发挥作用,注凝胶同样存在这样的技术难题。

目前国内外使用的阻化剂大致有:吸水盐类阻化剂(如氯化钙、氯化镁、岩盐)、石灰水、水玻璃、亚磷酸脂等。从目前在煤矿的应用结果来看,氯化钙($CaCl_2$)、氯化镁($MgCl_2$)、氯化铵(NH_4Cl)、氯化钠($NaCl$)、三氯化铝($AlCl_3$)等氯化物对褐煤、长焰煤和气煤有较好的阻化效果;而水玻璃 $xNa_2O \cdot ySiO_2$ 对高硫煤阻化效果最佳,$Ca(OH)_2$ 次之。这些阻化剂中一般含有能够有效阻断煤氧复合自由基链式反应的氯离子 Cl^-。另外,阻化剂能够形成液膜覆盖在煤表面隔绝氧气,但是这样的无机盐类液膜容易干固破裂,阻化剂有可能变成催化剂,加速煤氧化反应[8,9]。D. K. Zhang 和 W. S. Watanabe[10] 通过实验对多种无机物影响煤低温氧化效果进行了比较,发现醋酸镁是抑制氧化最好的无机物,而碳酸钠 Na_2CO_3、碳酸钾 K_2CO_3、碳酸钙 $CaCO_3$、氢氧化钙 $Ca(OH)_2$、醋酸钠 NaAC、醋酸钾 KAC、二硫化亚铁 FeS_2 等无机物则加速煤的低温氧化,且加速效果取决于阳离子浓度高低。针对这种情况,不少科研单位研制了新型阻化剂如 DDS 系列复合阻化剂、高聚物乳液阻化剂、水溶性阻化剂、粉末状防热剂等[8,9],极大地丰富了阻化剂市场。

中国矿业大学研制的三相泡沫含水量大,覆盖面积广,灭火效果较好,但是泡沫的发泡位数、泡沫强度及其稳泡性能是制约其灭火性能提高的瓶颈,而且泡沫对顶煤自燃和上分层采空区浮煤自燃灭火性能较弱。随后,中国科技大学安全材料实验室和重庆煤科院都研制了兼备阻化剂和泡沫双重优势的高倍阻化泡沫。

1.3　煤氧化过程中的活性结构研究现状

煤的氧化反应特性与其分子结构密切相关。为深入研究煤自燃机理,各国学者对煤的化学结构特征及结构反应性进行了长期深入的探索,提出了多种煤结构模型。目前,Given 模型、Wiser 模型、Shinn 模型等平面二维结构已被大多数学者认同并用于研究煤的各种反应特性。这些模型都是依据化学性质与结构的内在关系运用统计方法解析得出的,具有一定的代表性,能够较好地描述煤的主要成分。

1.3.1　煤的结构模型

煤的组成并非是均一单体的聚合物,而是由许多结构相似的结构单元通过不稳定桥键联结而成。煤的结构单元以缩合芳香环为核心,缩合环的数目随煤化程度的增加而增加,碳含量为 $70\%\sim83\%$ 时,平均环数为 2;碳含量为 $83\%\sim90\%$ 时,平均环数为 $3\sim5$;碳含量高于 90% 时,环数目急增;碳含量高于 95% 时,环数目大于 40。煤中碳元素的芳香化程度,烟煤低于或等于 80%,无烟煤的接近 100%。由此可见,不同变质程度煤的化学反应性质的差异归根究底是煤结构的不同造成的。为方便研究和解释煤化学的各种反应过程和反应机理,国外研究者提出了多种煤的化学和物理结构模型。

（1）煤的化学结构模型

煤并非单一化合物,煤中不仅含有无机矿物质,还含有相对分子质量大小不等的有机化合物。从 20 世纪 60 年代开始,陆续出现了 Krevelen 模型、Given 模型、Wiser 模型和 Shinn 模型等煤的大分子结构模型[11,12]。

① Krevelen 模型认为煤中具有较多芳香环结构,其特点是缩合芳环较多,

最大部分有 11 个苯环。

② Given 模型认为年青烟煤中分子呈线性排列,无网状空间结构,没有大的稠环芳香结构(主要为萘环),无醚键和含硫结构,存在氢键和含氮杂环物。

③ Wiser 模型可解释煤的化学反应本质,是目前公认的较为全面合理的模型,如图 1-1 所示。

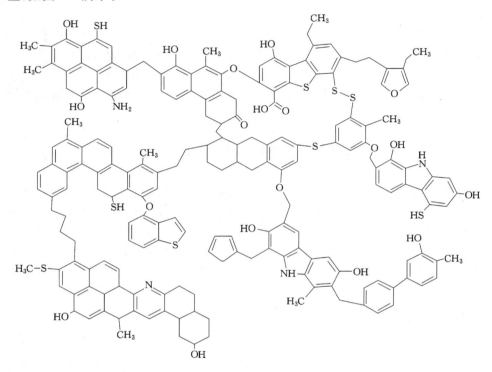

图 1-1　煤的 Wiser 模型

④ Shinn 模型,即煤的反应结构模型,是根据煤在一段和二段液化过程的产物分布提出的。该模型中,芳环或氢化芳环单元由较短脂肪链和醚键相连,形成大分子的聚集体,小分子则镶嵌于聚集体孔洞中,且可以通过溶剂抽提出来。

⑤ Faulon 模型,是 Faulon 通过煤大分子设计方法,用 PCMODEL 和 SIGNATURE 软件计算所得的能量最低的煤大分子模型。

(2)煤的物理结构模型

煤的化学结构模型仅能表示煤分子的化学组成与结构,而煤的物理结构和分子之间的联系需用物理结构模型,即分子间构型来描述。煤的物理结构模型有早期的 Hirsch 模型和 Riley 模型。Hirsch 模型能够直观反映煤化过程中煤的物理结构变化;Riley 模型描述煤为乱层结构。之后被广泛承认和应用的有混合物模型、胶团模型、交联模型、两相模型和缔合模型[11-14]。

① 混合物模型

在假设还原烷基化不破坏煤分子化学键的前提下,Sternberg 提出煤是由相对分子质量分布较宽的分子通过氢键、范德瓦尔斯力联结起来的混合物。但是后来有研究表明还原烷基化会使 C—O 和 C—C 键断裂。

② 胶团模型

根据煤的抽提实验结果,有学者认为煤的可溶组分具有球状胶质体的形态,并假设煤的不可溶基质也是由胶团单元组成。Kreulen 从胶体化学观点认为煤是部分已沥青化的腐殖质封闭系统,具有胶团结构,胶粒分散在油质介质中。Banghanm 假设煤的基本结构单元是稳定性很高的球状胶粒,不同变质程度煤的胶粒间堆积紧密性不同,煤阶越高越紧密,但这一假设没有考虑到煤变质过程中的化学变化。Dryden 认为煤中含有交联强烈的较大不可溶胶粒基质,这些较大不溶胶粒与交联较弱的较小胶粒紧密联系。如果使用溶剂使煤基质膨胀,那么只有较小胶粒可被抽提出来。而 Brown 和 Waters 进一步研究发现,这些不溶固态胶粒间通过氢键、范德瓦尔斯力相互联结。随着煤变质程度加深,煤分子的含氧官能团减少,范德瓦尔斯力的作用超过氢键。

③ 交联模型(三维结构基质模型)

Vahrman 煤结构模型的基本思想是:a. 煤含有不可溶大分子相和潜在可溶小分子相;b. 小分子相位于煤中粗孔-微孔体系中,绝大部分吸附在孔隙中。

基于该思想,Larsen 等人提出了交联模型,即三维结构基质模型。Larsen 认为煤大分子中含有芳香和氢化芳香“簇”,这些簇内部键合很强,具有多种化学键,可以形成强烈的交联体系,因此降解比较困难。这些簇间交联键主要包括较短的亚甲基链、各种醚键和芳香 C—C 键。溶解在网络中的簇也可以两个、三个或多个交联在一起。Larsen 煤交联模型的最重要贡献就在于:它指出了大分子间的交联键的存在是导致煤基质不能溶解的根源;再者,它不要求潜在可溶小分子相必须吸附或位于煤基质的孔隙体系中。Marzec 提出的煤模型与 Vahrman 模型相近,都认为煤中有两相,且小分子包藏于大分子网络孔隙中,但 Marzec 进一步指出小分子相是以电子给予体-接受体键与大分子相联系的[12]。

④ 两相模型

Given 提出的两相模型认为煤中有机物大分子多数是交联的大分子网状结构,为固定相;大分子网状结构中较均匀地分散嵌布着的低分子化合物,为流动相。低分子因非共价键力作用被包裹在大分子网络结构中。这种非共价键在低阶煤中,离子键和氢键的比例较大,而在高阶煤中 π-π 电子相互作用和电荷转移力比例较大。该模型与交联模型结构相似。如图 1-2 所示。

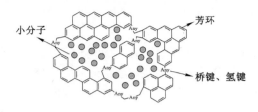

图 1-2　煤的两相模型

⑤ 缔合模型

缔合模型由 Nishioka 首先提出，也称单相模型。Nishioka 认为煤中芳香"簇"间通过静电力和其他分子间力相互联结，堆积成更大的联合体，然后形成多孔有机物质。缔合模型中的大分子网络为固定相，小分子为流动相。煤中的分子既有共价键缔合又有物理缔合。缔合模型与两相模型、交联模型结构都认为煤结构是大分子网络结构和小分子流动结构的结合。

（3）煤的综合模型

综合考虑煤的分子结构和空间构型，有学者提出了煤的综合模型，即将煤的大分子结构模型与分子间构造模型相结合。Oberlin 模型是 Krevelen 模型与 Hirsch 模型的综合，固溶体模型是 Wiser 模型和缔合模型的结合。在固溶体模型中，既有小分子，也有大分子，大小分子间通过范德瓦尔斯力结合在一起。

此外，Given 提出煤的有机结构模型，主要讨论了煤中有机结构中芳香簇环数和大小以及 O、N、S 元素的分布和组成。有学者以煤大分子组成结构的相似性为基础，提出了煤的统计结构模型，研究煤结构与其物理化学性质之间的关系。但是该模型着重强调煤结构的共性，属于半定量的结构模型。

总而言之，煤的基本结构单元是由基本芳香单元核和周围的侧链构成，不同的煤种具有不同的结构单元核，且都具有芳香性。基本结构单元通过桥键联结成煤的大分子网络结构。大分子网络之间又通过交联及分子间的缠绕形成煤分子结构的空间定型和立体结构。煤的结构模型会沿着综合模型的方向发展，即物理、化学作用下的小分子相、大分子相及两相混合区的多相混合模型。

1.3.2　煤分子的主要结构组成

大量实验证实在煤与氧接触过程中，煤分子的非芳香结构首先被破坏，而缩合芳香环结构性质最稳定。非芳香结构主要包括桥键、侧链、环烷烃和杂环类。其中，环烷烃和杂环类化学性质稳定，不易在常温常压条件下与空气中的氧发生反应。

不同变质程度煤的氧化反应性质取决于不同变质程度煤体本身的结构。低煤化度煤的芳香环缩合度较小，但桥键、侧链官能团较多，低分子化合物较多，其结构无方向性，孔隙率和比表面积大。随着煤化程度加深，芳香环缩合程度逐渐增大，桥键、侧链和官能团逐渐减少，分子内部的排列逐渐有序化，分子之间平行定向程度增加，呈现各向异性。到无烟煤阶段，分子排列逐渐趋向芳香环高度缩合的石墨结构[15]。图 1-3 是不同变质程度煤的结构示意图，可以看出随煤阶的增加，芳香结构的环数逐步增多，而侧链与桥键类官能团逐渐减少，这正是低煤阶煤易燃而高煤阶煤很难自燃的本质原因。

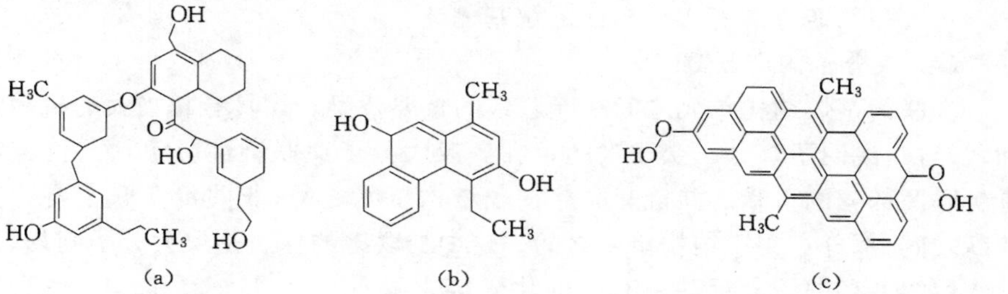

图 1-3　不同变质程度煤的典型结构[15]

（a）褐煤；（b）烟煤；（c）无烟煤

根据煤的 Wiser 模型，可以认为煤的有机结构是由缩合的多环芳烃和脂肪侧链（亚甲基、环烷）及羟基、羧基（—COOH）、羰基（C＝O）、胺基（—NH₂）和硫醇（—SR）等官能团交联而成的。据此，归纳煤结构的主要组成包括芳香结构单元、桥键、交联键和侧链。

（1）煤的基本结构单元

煤的基本结构单元主要通过缩合芳香环数、缩合度和桥键等来间接描述。缩合芳香环的主要形式有萘、菲、芘等。随变质程度增加，碳含量增加，缩合环数增加，烷基碳含量减少。

（2）桥键

桥键与侧链相比更易受到芳环和其他基团的影响，因此一般比侧链更易氧化。桥键的主要形式如下：

① 亚甲基醚键：—CH₂—O—；

② α 位带羟基的次甲基键和次乙基；

③ α 位 C 原子带支链的次烷基键；

④ 两边都与芳环相连的亚甲基键：—Ar—CH₂—Ar—（Ar 表示芳香环）。

另外，还有亚甲基键—CH₂—、—CH₂—CH₂—、—CH₂—CH₂—CH₂—，醚

键和硫醚键—O—、—S—、—O—CH₂—、—S—CH₂—，二硫化物键—S—S—，芳香 C—C 键等。在年青烟煤、褐煤中，长的次甲基键和次甲基醚键较多，在中等变质程度以上的烟煤中则以—CH₂—、—CH₂—CH₂—、—O—为主。

（3）侧链

侧链是煤结构的边缘基团，包括含氧官能团和烷基侧链，主要形式如下[13,14]：

① 含氧官能团侧链：甲氧基 CH₃—O—、羧基—COOH、醛基—Ar—CHO 和羟基—OH；

② α 位 C 原子带羟基—OH 的烷基侧链。

（4）煤分子的交联键[16,17]

交联键是煤结构单元之间相互联系的重要桥梁。煤具有相当大的机械强度和耐热性，说明了煤分子交联键的存在。煤大分子交联键性质包括共价与非共价交联两部分的贡献。共价交联存在于结构单元之间，非共价交联主要存在于片断之间，部分存在于结构单元之间。煤中交联键的性质是煤大分子间物理、化学作用力共存的综合反映。其中的化学键主要有—C—C—键和—O—键，这些化学键与前述的桥键化学性质基本相同，但其稳定性低于桥键；其中的物理键力主要有范德瓦尔斯力和氢键力，年青煤以氢键力为主，年老煤则主要是范德瓦尔斯力。由于煤分子的空间缠绕，以及分子间的范德瓦尔斯力、氢键力和 π-π 键力等的共同作用，使其表现出某些交联聚合物的性质[16]。

由于内在水分的缩合，煤结构中存在着以多聚的 OH 为主的网状体系（Coal—OH—OH—Coal）。羟基含量越多的煤种越易自燃。羟基减少，这种缔合结构也会随之减少直至逐渐消失。煤的大分子网状结构主要是煤中含氧官能团如羟基、羧基、羰基等基团之间氢键的作用。煤中主要氢键类型如图 1-4 所示。

氢键的键力小于共价单键，但氢键的作用力是取向力、诱导力和色散力的 10 倍。氢键是体现煤缔合模型的一个重要标志，是决定煤大分子网络的稳定与破坏的一个重要组成部分。

1.3.3　煤表面易氧化活性基团及反应性

煤氧复合氧化机理是目前大多数学者公认的煤自燃机理。该机理认为煤自燃是由于氧与煤体中的某些物质在一定温度下发生氧化反应，不断积累反应热，从而导致煤体温度升高使得反应加剧，引发煤体燃烧。而不少学者通过实验研究表明煤体中桥键、侧链中的甲基、亚甲基、羟基、羰基、甲氧基等活性基团易与氧发生化学反应，分解释放出有毒有害气体，并产生大量的化学吸附热和化学反应热，而这些热量则为煤自燃奠定持续反应的基础。因此，有必要掌握煤中各官

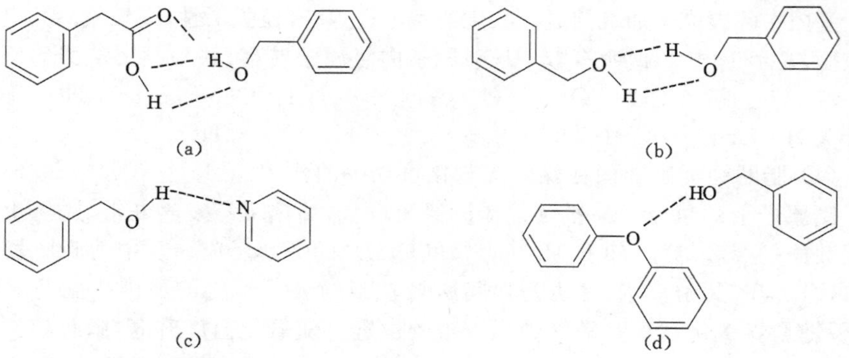

图 1-4　煤中的氢键类型

（a）羟基与羧酸；（b）羟基与羟基；（c）羟基与含 N 杂环；（d）羟基与醚键

能团的反应性。

太原理工大学谢克昌教授[18]，西安科技大学葛岭梅[19]教授以及中国矿业大学李增华教授[20]，重庆煤炭科学研究院陆伟[21]都曾运用红外光谱实验技术分析煤升温氧化过程中煤中分子结构的变化规律。实验证明：（1）甲基、亚甲基类官能团随温度升高，数量减少，甚至在某一温度后消失，这类基团一般属于脂肪类结构，脂肪烃在煤的低温氧化阶段起关键作用。（2）随温度升高，由于煤氧化过程中氧与还原性较强的脂肪族烃类基团反应生成大量含氧官能团，如羟基、芳香酮、醛类、羰基等，含氧官能团数量增加；随着温度进一步升高，羟基氧化生成羰基，而羰基继续氧化生成羧基，羧基再分解生成 CO 和 CO_2 气体。（3）煤在低温氧化过程中的微观结构变化主要表现为煤表面基团的变化，温度不高时芳香核几乎不会发生反应。

此外，不少学者通过计算机实验对煤与氧的反应机理进行了探索。辽宁工程技术大学王继仁[22]等学者利用量子化学理论计算了煤结构中易与氧发生反应的活性位置，并分析了煤体中活性结构与 O_2 发生反应生成气体产物的历程，计算结果表明煤中的侧链末端烷基基团最易与氧发生反应，该结果与红外光谱实验得出的"脂肪烃对煤氧化起关键作用"结果一致。除了基团—CH（CH$_3$）—CH$_2$—将两个氧原子全都嵌入分子中，其他活性基团与氧反应过程中的两个氧原子，一个嵌入碳氢原子之间，一个夺取氢原子生成游离的羟基，该羟基又进一步夺取一个氢原子，形成过渡态，并最终生成水。王宝俊、谢克昌等[23]通过量子化学计算发现煤分子模型中的杂原子一般有较高的电荷，活性较高，因此含 S 杂环、含 N 杂环在煤自燃过程中也具有非常重要的意义。邓军、石婷等[24]用量子化学方法研究煤自燃初期的反应机理时，模拟结果显示芳香环数对模拟煤分子的计算结果几乎没有影响。

活性基团中的碳原子加氧前显示较大的负电性,具有较强活性,而加氧后其电荷明显减少,显示正电性,说明有电子从碳原子向氧原子转移,并预测了基团的反应活性顺序为:—CH$_2$—O—,—O—CH$_3$ ＞ —HCOH—,—HCOH—CH$_2$—,—HCOH—CH$_3$＞—CH(CH$_3$)—CH$_2$—＞—CH$_2$—＞—CHO。

(1) 脂肪烃类官能团在煤低温氧化过程中的作用

碳原子上的氢原子易被其他活泼原子取代,高温下易发生断链、脱氢生成较低碳数的烷烃和烯烃(如 C$_2$H$_4$、C$_2$H$_6$ 和 C$_2$H$_2$)的裂解反应。煤中的脂肪烃易发生取代反应和裂解反应,这也是含脂肪烃较多的煤易氧化的原因。脂肪烃类侧链、桥键是煤氧化过程中最易受到攻击的位置。随氧化温度升高,脂肪族类结构在升温阶段受到氧的攻击,碳链断裂,生成更多高活性的甲基、亚甲基;之后随氧化程度加深,甲基、亚甲基与氧化合生成羟基、羰基等含氧官能团,造成脂肪烃侧链减少。因此该类基团越多,煤受氧攻击的概率越高,因此越易氧化[25-29]。河南理工大学余明高教授等通过热重-红外光谱实验分析发现芳氢/脂氢的比例能够反映出煤自燃性的大小,脂氢比例大则煤的自燃性强[30]。

(2) 含氧官能团在煤低温氧化过程中的作用

氧是煤的重要组成部分,在煤中主要以水分、无机含氧化合物以及含氧官能团的形式存在。随煤化程度的增加,煤中的含氧官能团逐渐减少,煤中的少部分氧存于羧基,大部分氧存于羟基和其他含氧官能团中。因此,易自燃煤中都含有较多的含氧官能团。

一般认为煤中的含氧官能团可以分为羰基、羧基、(酚)羟基、醚氧基和甲氧基等类型。舒新前等[29]认为煤中的氧包括:① 极性态氧:如(酚)羟基、羧基极性较强,以偶极作用力与水分子的氢以氢键的形式缔合,相对活性较强,表现出较强的亲水性,含有极性氧的官能团属于活性含氧官能团;② 非极性态氧:如醚氧基中氧的偶极性作用较弱,因而与水分子中氢的缔合力较小,这类含氧官能团则称为非极性含氧官能团。其中,对煤氧化能力影响最大的是含有极性态氧的羟基、羧基等官能团。这些基团的存在使得煤对空气中的氧有很大的吸附能力,从而引发了自燃的发生。

随氧化温度升高,脂肪烃的一般变化规律为:由于低温阶段侧链发生氧化,导致羟基和羰基随温度升高先增加后降低;随氧化进一步加深,羟基继续氧化生成羰基,而醚键酯和醚断裂生成更多的羰基,因此羰基逐渐增加,直至最终分解脱落,生成 CO$_2$ 和 CO 气体逸出[25-29]。

1.4 煤在有机溶剂中溶胀行为研究现状

在煤化学领域,常用有机溶剂萃取煤结构进行煤组成和结构的研究。能够萃取煤的有机溶剂一定是良好的氢键受体,能有效地削弱煤内部存在的氢键。萃取过程可以获得大量的小分子化合物。但由于煤内部复杂的相互作用力,一般有机溶剂对煤的萃取率并不是很高。

在溶剂萃取煤过程中,煤的大分子结构发生重排,溶胀煤的自由能降低。不同溶剂对煤的溶胀机理和溶胀程度不同。煤的溶胀与交联聚合物的溶胀有相似之处。煤的溶胀过程可分为三个阶段:溶剂分子扩散进入交联网络内;溶剂化作用导致煤中非共价键断裂,引起煤交联高聚物分子链松弛;煤交联高聚物分子链向空间伸展,导致煤体积增大。一般交联聚合物在溶剂中的溶胀具有可逆性,但煤的溶胀过程却是非可逆的,而且煤中以非共价键结合的部分(一般为溶剂可溶物)也有溶胀性[31-33]。

有机溶剂对煤溶胀率的改变能够反映煤大分子间相互作用力强弱的变化。溶胀率增加表明煤分子间的化学交联或物理交联作用被破坏或削弱。一般的溶剂对煤溶解只在物理水平破坏煤中的范德瓦尔斯力和氢键,但对煤中的—C—C—键、—O—的化学键作用不大。易燃的低阶煤溶胀过程被破坏的是氢键等非共价键力,而不可能是共价键力。

1.4.1 煤在非极性溶剂中的溶胀行为

非极性溶剂,如二硫化碳(CS_2),只能破坏煤分子中的非极性键。煤在碳含量81%～83%范围内有最小的分子间作用力,在非极性溶剂中的溶胀率最大。煤在非极性溶剂中主要被破坏的是煤分子间作用力(即范德瓦尔斯力、氢键力),当非极性溶剂对各种非共价键力都有所破坏时溶胀率最大[33]。

由于低阶煤含较多羧酸官能团,氧含量高,煤中的主要非共价键力表现为离子力,但离子力键能较高,很难将其断裂,因此低阶煤在非极性溶剂中的溶胀率很低;中低阶烟煤中羧酸官能团减少,主要非共价键力为由酚羟基形成的氢键力,而氢键力较弱,易被破坏,因此烟煤的溶胀率最高;高阶烟煤和无烟煤中的氧含量很低,芳香度很高,芳香平面间的强 π-π 键作用力成为主要非共价键力,因此这类煤在非极性溶剂中的溶胀率也很低[33,34]。

一般在常温常压下进行的溶剂溶解煤实验不会导致煤中共价键的断裂,仅破坏煤中的诸如氢键和 π-π 相互作用等分子间作用力。煤中相对分子质量大、缩合程度高的成分在溶剂中难溶。对于含有较小分子的煤而言,溶剂通过破坏分子间作用力而导致煤可溶,而这种破坏是以溶剂向煤中的渗透为前提的。一般低阶煤或煤中低变质成分孔隙较多,溶剂在其中较易渗透,但其中的大分子结构在溶剂中难溶;而高阶煤或煤中变质程度很高的组分缩合度高、结构致密,溶剂难以渗透至其中,即使含有一些小分子成分也难以被萃取出。

1.4.2 煤在极性溶剂中的溶胀行为

极性溶剂主要破坏煤分子间的极性化学键（如氢键力），且溶剂与煤之间存在煤-溶剂作用力，其对煤的溶胀率随煤中碳含量增加而减小。苯胺、吡啶、四氢呋喃、N-甲基-2-吡咯烷酮（NMP）、环己酮等极性溶剂都能够有效溶胀煤。煤在极性溶剂中的溶胀行为主要是煤与溶剂间相互作用强弱的反映。煤与这类极性溶剂间的作用力主要来自于煤分子中的羟基、羧基与溶剂间的氢键力。煤在极性溶剂中的溶胀率随煤阶的增高而降低，表明煤分子同极性溶剂间的作用力也随之减弱。

低阶煤含有较多的羟基和羧基官能团，这些基团均可与富电子的氢键受体（含羟基、羧基官能团的溶剂）溶剂形成氢键，从而削弱煤分子间的作用力[31]，使煤在极性溶剂中的溶胀率增大。随着煤化程度的加深，煤中的氧含量降低，羟基、羧基含量也随之降低，煤分子可与极性溶剂形成氢键的活性点减少。因此，随着煤化程度的增加，煤在氢键受体溶剂中的溶胀率减小。

吡啶和环己酮都是良好的氢键受体，环己酮中的羰基氧接受氢键的能力更强，同时又是一个溶解性能优良的有机溶剂，因而它更能削弱煤分子间的氢键。另外，四氢呋喃和 N-甲基-2-吡咯烷酮都是溶解性优良的溶剂。到目前为止，二硫化碳 CS_2/NMP 混合溶剂对煤的溶解性最好[31-33]。

目前所有的防治煤炭自燃的材料都是从"燃烧三角形"的两个方面——热量、氧气入手，却不会对煤的化学结构产生影响，因此无法从根本上达到抑制煤自燃的目的。

离子液体是一种由含氮杂环的有机阳离子和无机阴离子组成的，在室温或室温附近温度下呈液态的盐。国内外不少学者认为离子液体对气体、有机物及聚合物都有较好的溶解能力，且具有选择性[35-44]。而煤的本质是有机大分子聚合物，从现有的研究资料看离子液体能够溶胀溶解煤结构。据查，国内的耿胜楚[45]，曹敏[46,47]和国外的 Paul Painter，Neurxida Pulati[48,49]等学者都已经开始将离子液体应用于煤液化过程的实验研究，而且该方法已初见成效。

尽管如此，目前针对离子液体对煤氧化燃烧性能影响的研究还未开始，而且离子液体与煤之间的相互作用究竟如何，还未有学者详细解释。本书以煤的易氧化官能团为破坏对象，采用离子液体来破坏煤的结构，影响煤的氧化燃烧进程。但是离子液体种类繁多，性质各异，无法明确哪种阴阳离子配对的离子液体对煤具有抑燃作用，所以需要根据现有的离子液体研究现状来初步选取可利用的离子液体，通过相关实验来考察离子液体处理煤微观结构和氧化放热性质与原煤相比有哪些改变。

本书将通过实验测试各种离子液体处理煤中官能团种类，考察离子液体处理煤的氧化放热过程,分析不同离子液体对煤微观结构和宏观放热性质的影响,据此寻找能够溶解煤活性结构、抑制煤自燃的离子液体的结构特征,揭示离子液体与煤的相互作用机理,为设计出能够抑制煤自燃的离子液体提供实验及理论依据,并为离子液体应用于煤液化、气化等研究领域提供理论参考。

1.5　本章小结

本章综合讲述了煤矿采空区自燃火灾的灭火材料及灭火机理,提出利用离子液体破坏煤结构中的易氧化基团,以此达到降低煤自发氧化能力的目的。重点介绍了煤的化学物理结构在煤自燃过程中的重要作用,分析了煤结构与反应性之间的关系;简单介绍了离子液体溶解煤的应用背景,证明了离子液体抑制煤自燃具有可行性;最后揭示了本书的研究目的和研究内容,拟利用傅立叶红外光谱仪(FTIR)、同步热分析仪(STA)来考察离子液体对煤氧化自燃特征参数(包括微观活性官能团、宏观失重及放热参数)的影响。采用密度泛函理论(DFT)计算离子液体的电子结构,分析其活性位,据此阐述离子液体-煤之间的相互作用机理,为离子液体在煤炭行业的进一步应用提供理论参考。

2 离子液体的结构及其溶解性质

离子液体与煤之间相互作用的机制还未见报道。因此,要研究离子液体对煤氧化性质的影响,首先必须了解离子液体的结构、物理化学性质以及两者之间的关系,然后根据离子液体在其他相关领域的实验成果和应用情况来分析离子液体溶解煤的可行性。

2.1 离子液体简介

通常离子化合物在室温下都是固体,强大的离子键使正负离子在晶格上只能做振动却不能转动和平动。若正离子很大,负离子较小,使得化合物正负离子结构极不对称,造成较大的空间阻碍,强大的静电力无法使正负离子在微观上做密堆积,导致正负离子在室温下不仅可以振动,甚至可以转动和平动,晶格遭到彻底破坏,在室温下呈液态,这样的离子化合物就是"室温离子液体"。

离子液体具有如下特点:

(1) 在离子液体中没有电中性的分子,100%是阴离子和阳离子,在$-100\sim$ 200 ℃之间呈液体状态,具有良好的热稳定性和导电性;

(2) 离子液体一般不会产生蒸汽,所以在化学实验过程中不会产生对大气造成污染的有害气体;

(3) 多数离子液体对水具有稳定性,容易在水相中制备得到;

(4) 离子液体是大多数无机物、有机溶剂、聚合物和高分子材料的优良溶剂;

(5) 离子液体具有溶剂和催化剂的双重功能,可以作为许多化学反应溶剂或催化活性载体,可循环使用,避免了有毒废弃物的产生;

(6) 离子液体还具有酸度和极性可调性,可以通过改变阴阳离子组合成不同性质的离子液体,还可通过分子设计获得具有特殊功能的功能化离子液体。

总之,离子液体具有不挥发、黏度低、导电性强、不可燃、比热容大、蒸汽压低等众多优点,而且对许多无机盐和有机物有良好的溶解性,易与产物分离、易回收,可反复多次循环使用,有效避免了传统有机溶剂高挥发性所造成的环境、健康、安全以及设备腐蚀等问题,符合当前所倡导的清洁技术和可持续发展的要求[50]。

2.1.1 离子液体的发展

离子液体研究的发展历程如表 2-1 所示。

表 2-1 　　　　　　　　　　**离子液体研究的发展历程**[51]

时间	代表人物	成果描述
1914 年	Sudegen	将乙胺与硝酸反应后,减压除去水分得到油状液体,元素分析结果表明其是一种液体盐,即第一个离子液体——熔点为 12 ℃ 的离子液体硝酸乙基铵[EtNH₃]NO₃,但[EtNH₃]NO₃极易爆炸
1948 年	F. H. Hurley	基于氯化铝负离子的具有较高导电性的离子液体
1963 年	J. T. Yoke	基于氯化亚铜负离子($CuCl_2^-$)的离子液体
1967 年	Swain	四己基苯甲酸胺离子液体作为有机溶剂
20 世纪 70 年代	Osteryoung	对四烷基胺正离子和四氯化铝负离子的离子液体进行应用上的系统研究
20 世纪 80 年代	Wilkes, Levisky, Seddon	二烷基咪唑盐类型四氯化铝负离子的离子液体,被用作反应溶剂,催化剂,但是该离子液体对空气和水都相当敏感
1992 年	Wilkes	合成了低熔点、抗水解、高稳定的新型离子液体 1-乙基-3-甲基咪唑四氟硼酸盐[Emim]BF₄,自此离子液体的研究得以迅速向前推进
21 世纪	Seddon, Roggers, Wasserscheid, 张锁江、邓友全	新型的功能化离子液体(包括液体支载物)的开发和应用研究;离子液体作为新型有机溶剂,高效的催化剂和绿色反应溶剂

综上所述,从时间发展的顺序来看,离子液体的研究经历了三个历史阶段:三氯化铝[AlCl₃]⁻体系→"新型"耐水体系→功能化体系。

近年来在离子液体应用研究方面的领军人物当属英国女王大学 Seddon 教授和美国阿拉巴马大学化学系 Rogers 教授。Seddon 教授主要针对离子液体性质及其在有机反应中的应用进行了大量开创性研究;Rogers 则致力于离子液体在分离纯化技术中的应用及功能型离子液体的开发应用研究,且取得了大量具有实用价值的成果。此外,巴西的 Dupont 和德国的 Wasserscheid 对离子液体在金属有机催化中的应用方面做了大量的前期工作;而日本的 Ohho 在离子液体的制备、性质及其在电化学中的应用研究等方面进行了有意义的探索[51]。

我国离子液体的研究总体起步较晚,但发展迅速。目前,国内已有二十多家研究所和大学开展了离子液体的研究工作,如中科院兰州物理化学研究所、中科院过程工程研究所、北京大学、浙江大学、中国科技大学、华东师范大学、北京化工大学等都相继开展了离子液体的研究,但在研究方向上各有侧重。

兰州物理化学研究所邓友全等率先在国内开展了离子液体介质与材料方面的研究,合成了两类具有自主知识产权的新型室温离子液体,以 N-质子化内酰胺为阳离子基团的 Bronsted 酸性离子液体和以季铵化的己内酰胺为阳离子的离子液体,研究用离子液体来催化某些化学反应,发现氯铝酸离子液体具有一定的重复使用性,催化得到较高的醇转化率[52-56]。浙江大学化学系张锁江研究员致力于离子液体的分子设计、结构性质、规模化制备、工业应用及绿色过程集成等的研究,并针对功能化离子液体的工业应用的瓶颈提出前瞻性的建议,为离子液体的大规模应用指明方向。该课题组首次合成了磁性离子液体,还利用一系列咪唑类离子液体做介质,通过离子热方法,合成了磷铝分子筛[57-61]。东华理工大学的乐长高则重点研究离子液体催化某些化学反应,如溴化反应、缩合反应、糖基化反应,此外还研究了以离子液体 1-(2-羟丙基)-3-甲基咪唑六氟磷酸盐为支撑试剂,液相合成 11 种 6-氨基-5-氰基-4-芳基-2-甲基-4H-吡喃-3-羧酸甲酯化合物的新方法[62-65]。表 2-2 所示为离子液体应用的主要领域及研究内容。

表 2-2 **离子液体应用的主要领域及研究内容**

研究领域	研究内容
材料化学	碳水化合物的溶解回收、离子液体修饰的选择性薄膜
高分子化学	离子液体-高分子反应溶剂;高分子材料的添加剂和增塑剂;用全氟化聚合物膜与离子液体形成复合体的高温质子导电膜;在离子液体中将适当的单体聚合,使离子液体与聚合物生成离子胶;在单体或齐聚物中引入离子液体的结构,得到离子导电性高分子,还可以在其中再掺一些无机盐以提高电导率;离子液体-高分子复合物
分离纯化技术	无机金属离子的分离富集;无机污染物的分离萃取;定量回收被吸收的芳香族含硫化合物
化学反应过程	将催化剂和反应基质溶解于离子液体中形成单相反应系统;既作为溶剂又作为催化剂的单相反应系统;催化剂溶解于离子液体,而反应基质和产物在另一相中的两相反应系统;离子液体的负离子作为均相催化的配体而形成的单相或两相反应系统;由离子液体、水、有机溶剂组成的三相系统;固定化离子液体催化技术
其他应用	离子液体还可溶解纤维素;生产有生物活性的可再生纤维素膜;用作聚甲基丙烯酸甲酯的增塑剂;用于气相色谱的固定相、毛细管电泳流动相的添加剂、荧光分析及质谱;提高人造肌肉的功能以及生物催化等

2.1.2 离子液体的种类

由于离子液体结构的多样性导致离子液体的分类方法较多。根据阴阳离子种类不同,可分为:咪唑类离子液体和吡啶类离子液体;根据阳离子取代基不同可分为:烷基取代类离子液体和羟基、羧基、酯基取代基离子液体;根据物理化学性质不同又可分为:酸性离子液体和碱性离子液体;亲水性离子液体和疏水性离子液体等。

常见的离子液体阳离子主要有以下几类:烷基季铵离子、烷基季𬭁离子、N-烷基取代吡啶离子、1,3-二烷基取代咪唑离子和 N,N-烷基取代咪唑离子;阴离子可以是复杂的四氯化铝［$AlCl_4$］⁻、四氟硼酸［BF_4］⁻、六氟磷酸［PF_6］⁻、三氟醋酸［CF_3COO］⁻、三氟甲基磺酸基［CF_3SO_3］⁻、六氟化锑［SbF_6］⁻和醋酸［AC］⁻等配合物离子和有机离子,也可以是简单的 Cl^-、Br^-、I^-、NO_3^-、ClO_4^- 等简单无机离子。

常见阴阳离子结构如图 2-1 所示。

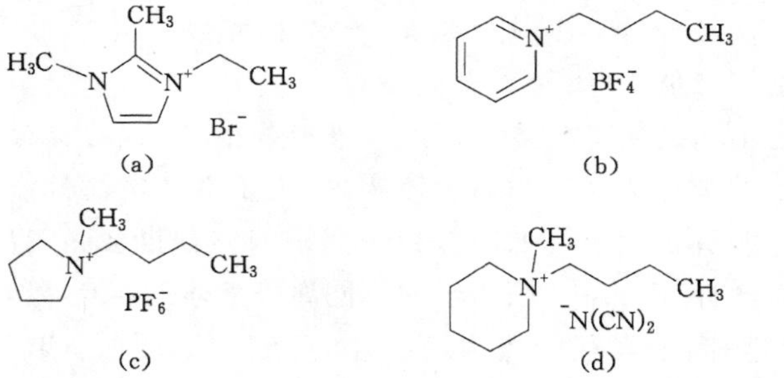

图 2-1　常见不同阴阳离子的离子液体结构示意图
(a) 1-乙基-2,3-二甲基咪唑溴盐;(b) N-丁基吡啶四氟硼酸盐;
(c) 1-丁基-1-甲基吡咯烷六氟磷酸盐;(d) 1-丁基-1-甲基哌啶二腈胺盐

盐通过在阳离子取代基上加入不同官能团,使得离子液体具有特殊功能,这样的离子液体称为功能化离子液体(结构如图 2-2 所示),如苄基功能化离子液体、羟基功能化离子液体、醚基功能化离子液体、腈基功能化离子液体、烯基功能化离子液体以及羧基功能化离子液体。

2.1.3 离子液体的物理化学性质

离子液体的阴阳离子结构决定了离子液体的物理化学性质,因此离子液体的熔点、黏度、密度、亲水性和热稳定性等物化性质可以通过选择合适的阳离子和阴离子在很宽的范围内加以调变。离子液体的结构与其物化性能间的关系如下[51,56,67]:

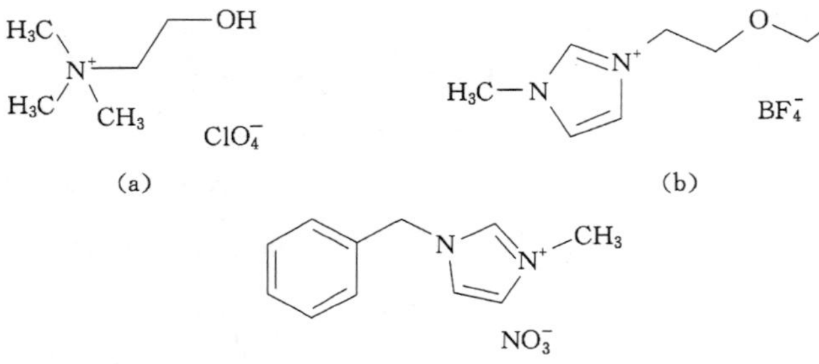

图 2-2　常见功能化离子液体的结构示意图

(a) 羟乙基三甲基铵高氯酸盐；(b) 1-乙氧基乙基-3-甲基咪唑四氟硼酸盐；

(c) 1-苄基-3-甲基咪唑硝酸盐

(1) 熔点：阴阳离子结构的对称性越低，离子间相互作用越弱，则其熔点越低。一般低熔点离子液体的阳离子具备下述特征：对称性低、分子间作用力弱和阳离子电荷均匀分布。另外，阴离子体积增大，也会导致熔点降低，如 [Bmim]AC 的熔点低于 [Bmim]Cl 的熔点。

表 2-3 是不同氯化物盐类熔点。从表中数据可见，随着有机阳离子体积增大，熔点降低，主要原因在于阳离子体积大，离子液体电荷分散，结构极不对称，从而导致离子液体的熔点降低。部分阴离子的体积也会影响离子液体的熔点。表 2-4 所列为含有 [Emim]+ 阳离子的不同离子液体的熔点，比较后显示：离子液体的熔点随着阴离子半径的增大而减小，呈现如下顺序：$Cl^- > PF_6^- > NO_2^- > NO_3^- > BF_4^- > CF_3SO_3^- > CF_3CO_2^-$。

表 2-3　　　　　　　　　　　　氯化物熔点比较

离子液体	[Mmim]Cl	[Emim]Cl	[Bmim]Cl
熔点/℃	125	87	65

表 2-4　　　　不同阴离子的 1-乙基-3-甲基咪唑离子液体熔点[51,56]

离子液体	[Emim]Cl	[Emim]PF6	[Emim]NO2	[Emim]NO3	[Emim]BF4	[Emim]CF3SO3	[Emim]CF3SO2	[Emim](CF3SO2)2N
熔点/℃	87	62.5	55	38	11	−9	−14	−16

(2) 热稳定性：与水和大多数有机溶剂不同，一些离子液体在 400 ℃ 以上仍以液体形式存在。离子液体的热稳定性很高，一般在 200 ℃ 或是更高的温度不

会有明显的热量排放,而且不会引起燃烧。离子液体的热稳定性受杂原子-碳原子之间作用力和杂原子-氢键之间作用力的限制,因此与其结构组成中的阳离子和阴离子的种类和性质密切相关。当阴离子相同时,咪唑盐阳离子 2 位上被烷基取代时,离子液体的起始热分解温度明显提高;3 位氮上的取代基为线型烷基时热性质较稳定。当阳离子相同时,具有不同阴离子的离子液体稳定性顺序为:PF_6^- > BF_4^- > I^-、Br^-、Cl^-。[Emim]BF_4 在 300 ℃ 左右也可稳定存在,但[Emim]CF_3COO 在 150 ℃就开始分解,[Emim]$(CF_3SO_2)_2N$ 和[Emim]CF_3SO_3 甚至在 400 ℃ 以上仍可稳定存在,可见阴离子的选择是离子液体稳定性的决定因素。对于吡啶类离子液体,只有在烷烃链较长时(C≥7),且阴离子为较大的 PF_6^-,才表现出高的热稳定性和物理化学稳定性[51,66]。

　　某些离子液体的热稳定性较低。直接由膦或胺的质子化作用得到的离子液体其热稳定性较弱;大多数含三烷基铵离子的离子液体稳定性很差;由胺或膦的烷基化作用获得的离子液体,如氯代季铵盐类离子液体的最高工作温度只有 150 ℃[67]。

　　(3) 密度:离子液体的密度主要由阴阳离子的类型而定,大致范围在 1.1～1.6 g/cm³,部分可查[Emim]$^+$ 离子液体密度如表 2-5 所示。离子液体的密度随着有机阳离子体积的增大而减小。当阴离子为 PF_6^- 时,随着阳离子上烷基链长的增加,离子液体的密度逐渐下降。另外,阳离子侧链带有羟基的离子液体[Hemim]Cl、[Heeim]Cl 和[Hevim]Cl 的密度较大。离子液体密度随阴离子体积增大而增大,而且含有较大体积且配位能力较弱的阴离子的离子液体也具有较大的密度,且这种趋势与阳离子无关。因此,设计不同密度的离子液体,首先应选择合适的阴离子来确定大致范围,然后再选择阳离子对密度进行微调。

表 2-5　　　　　　　　不同阴离子的[Emim]$^+$ 离子液体密度[51]

离子液体	[Emim]CF_3COO	[Emim]BF_4	[Emim]CF_3SO_3	[Emim]$(CF_3CO_2)_2N$
密度/(g/cm³)	1.285	1.24	1.38	1.5

　　(4) 黏度:离子液体的黏度同样受阴阳离子结构的影响,主要由阴阳离子间的氢键和范德瓦尔斯力所决定。当离子液体的阴离子相同时,咪唑上阳离子的取代基越大或侧链越长,离子液体黏度越大。阳离子中有长烷基链、支链或氟化烷基链的离子液体,具有较强的范德瓦尔斯力,从而导致较高的黏度。通常含有[Emim]$^+$ 的离子液体黏度较低,这是由于[Emim]$^+$ 阳离子的低相对分子质量侧链有足够的活性。侧链全部是烷基的离子液体[Bmim]Cl 黏度很高,侧链带有

双键基团的离子液体如[Amim]Cl 和[Aeim]Cl 黏度偏低。红外光谱、X 射线光谱、核磁共振以及理论计算证实咪唑盐阳离子中的氢原子与碱性阴离子之间形成的氢键是体系黏度增大的主要原因[51]。而在酸性离子液体中,如阴离子为$AlCl_4^-$、$Al_2Cl_7^-$ 等体积较大离子时,负电荷能够更好地分散,从而导致形成的氢键较弱,使离子液体的黏度降低。

(5)沸点:沸点同样是由离子间范德瓦尔斯力和氢键作用决定的。一般咪唑阳离子的 C 原子数越多,沸点越高。若阳离子取代侧链带有双键基团,则会降低离子液体的沸点,如[Amim]Cl 和[Aeim]Cl 的沸点偏低[68]。

(6)电导率:离子液体的电导率比一般的有机溶剂高,却比水低。其原因是离子对或离子的积聚导致所带电荷减少,而且离子液体的大尺寸阳离子会使电导率减小[51]。

(7)亲水性和疏水性:离子液体的亲水性与阴离子种类、阳离子烷基侧链长度以及阳离子取代链是否含氧原子、氟原子等因素有关。离子液体的阴离子可与水形成较强的氢键,因此离子液体的亲水性很大程度上取决于阴离子的性质,其次才是阳离子。表 2-6 是阴离子与离子液体水溶性关系表。另有对阳离子为[Bmim]$^+$ 的离子液体与水的相溶性实验发现[Bmim]CF_3SO_3、[Bmim]CF_3CO_2和[Bmim]$C_3F_7CO_2$ 与水是充分混溶的,而[Bmim]PF_6、[Bmim]$(CF_3SO_2)_2N$ 与水不溶。20 ℃时,饱和水在[Bmim]$(CF_3SO_2)_2N$ 中的含量仅为 1.4%。

表 2-6　　　　　　各种离子液体阴离子性质与水溶性的关系[51]

	不溶于水	过渡	可溶于水
阴离子种类	PF_4^-,PF_6^-	BF_4^-	CH_3COO^-
	$(CF_3SO_2)_2N^-$	$CF_3SO_3^-$	CF_3COO^-,$C_3F_7CO_2^-$,$CF_3SO_3^-$
			NO_3^-
			Br^-,Cl^-,I^-
			$Al_2Cl_7^-$,$AlCl_4^-$(易分解)

阴离子对离子液体的水溶性有较大的影响。研究表明,1-丁基-3-甲基咪唑溴盐[Bmim]Br,其他[$C_n$mim]CF_3COO 和[$C_n$mim]CF_3SO_3 都具有较强的水溶性,而[$C_n$mim]PF_6、[$C_n$mim]$(CF_3SO_2)_2N$ 离子液体则为疏水性的。含[BF_4]$^-$、[CF_3SO_3]$^-$ 阴离子的离子液体的水溶性还与阳离子上链烷取代基的长度有关,随着链烷取代基的增长,亲和力呈下降趋势。相同阴离子时,阳离子取代基越长,离子液体与水的亲和力越小;阳离子链烷取代基上连有氧或氟原子(如羟基、磺酸基、羧酸基功能化离子液体)时,离子液体的亲水性会相应增强,如

[Emim]PF$_6$为疏水性离子液体,而[HOEmim]PF$_6$则可以与水互溶。

对盐类、醇类对离子液体的亲、疏水性影响和调节规律进行研究发现,在亲水性离子液体[Bmim]Cl中加入第三组分磷酸钾后,[Bmim]Cl与水则形成两相;当水中乙醇的摩尔分数在0.4~0.9之间时,疏水性离子液体[Bmim]PF$_6$便可完全与水混溶。离子液体中的水会降低离子间的静电引力,体系的内能随之降低,从而降低了离子液体的黏度,降低的程度随含水量的不同而异。同时,随着咪唑阳离子链烷取代基的增长,水会使离子液体的密度降低。离子液体中水的存在还会改变其内部作用力。对于阴离子为[PF$_6$]$^-$、[SbF$_6$]$^-$、[BF$_4$]$^-$、[(CF$_3$SO$_2$)$_2$N]$^-$、[ClO$_4$]$^-$、[CF$_3$SO$_3$]$^-$等的1-烷基-3-甲基咪唑类离子液体,其自空气中吸收的水呈自由水状态,并以氢键(阴离子…HOH…阴离子)形式存在;而阴离子为[NO$_3$]$^-$、[CF$_3$CO$_2$]$^-$的1-烷基-3-甲基咪唑类离子液体,阴离子与水的作用较强,可能形成了结合水[56,56,67]。阴离子与水分子形成氢键能力的强弱顺序为:[PF$_6$]$^-$<[SbF$_6$]$^-$<[BF$_4$]$^-$<[(CF$_3$SO$_2$)$_2$N]$^-$<[ClO$_4$]$^-$<[CF$_3$SO$_3$]$^-$<[NO$_3$]$^-$<[CF$_3$CO$_2$]$^-$。

(8)酸碱性和配位能力:离子液体具有碱性、酸性或超强酸性,并且酸碱性可以根据需要进行调节。离子液体的酸碱性实际上由阴离子的本质决定。通过选择阴离子的类型可以得到介于强碱/强配位能力与强酸/无配位能力之间的介质。以阳离子为[Emim]Cl的离子液体为例描述碱性离子液体转变为中性离子液体或酸性离子液体的过程[51]:

$$[\text{Emim}]\text{Cl}^- \underset{}{\overset{\text{AlCl}_3}{\rightleftharpoons}} [\text{Emim}]\text{AlCl}_4^- \underset{}{\overset{\text{AlCl}_3}{\rightleftharpoons}} [\text{Emim}]\text{Al}_2\text{Cl}_7^-$$

酸性离子液体作为一种新型的环境友好液体催化剂,不仅拥有液体酸催化剂的高密度反应活性位的优点,而且具有低挥发性,其结构和酸性还具有可调变性。按照酸碱性可将离子液体分为:Lewis酸性、Lewis碱性、Bronsted酸性、Bronsted碱性和中性离子液体。Lewis酸性离子液体是指能够接受电子对的离子液体;反之,Lewis碱性离子液体是指能够给出电子对的离子液体。Lewis酸性或碱性离子液体主要是指氯铝酸类离子液体;Bronsted酸性离子液体是指能够给出质子(或含有活泼酸性质子)的离子液体,如[Hmim]BF$_4$;Bronsted碱性离子液体指能够接受质子(或阴离子为OH$^-$)的离子液体,如[Bmim]OH;而中性离子液体则非常多,如[Bmim]BF$_4$。

相对于水或一般有机溶剂而言,离子液体具有高密度、高黏度、高沸点的特点,而且离子液体的电导率比一般的有机溶剂高,却比水低。这些都与离子液体的阴阳离子结构有关。有机阳离子的结构主要影响离子液体的疏水性和氢键作用,阳离子取代链的长度还影响到溶解能力大小,阳离子侧链所带基团种类对离子液体的黏度、沸点、电导率、表面张力和密度都有影响;而无机阴离子的结构影响的是溶解性和溶解能力。另外,外界因素如温度和添加剂(包括水)也会影响到离子液体某些性质。温度的微小升高或者少量有机溶剂的加入,会导致离子液体的黏度明显降低;在温度不高时,密度会随温度升高略微降低;离子液体中的水含量对其热稳定性也略有影响[51]。

2.2　离子液体的溶解性质

　　溶解性和溶解能力是离子液体作为溶剂的又一重要参数。离子液体溶解能力强,可溶解多种无机物、有机物、有机金属及高分子材料,且溶解度相对较大,并且不同的离子液体由于结构不同与物质的相溶性存在明显差异。可通过选择不同的阴阳离子配对来调节离子液体的溶解能力。

2.2.1　离子液体溶解气体

　　有学者研究了 CO 在离子液体中的溶解力。Jacek Kumelan 等研究了 CO 在[Bmim]PF$_6$中的溶解度,实验结果表明,[Bmim]PF$_6$几乎不能溶解 CO[39]。美国劳伦斯-利弗莫尔国家实验室的研究人员为开发出一种更清洁、稳定和高效的捕获 CO$_2$新方法,考虑利用离子液体作为 CO$_2$吸收剂。该实验室的 Amitesh Maiti 测试了几种可有效溶解 CO$_2$的离子液体[40],获得大量有用数据。A. Maiti 发现,使用离子液体作为 CO$_2$吸收剂,可克服单乙醇胺的诸多缺点,比现有方法更清洁、更易于使用。此外,A. Maiti 还设计出一种基于量子化学热力学方法的计算工具,可准确计算出任何溶剂在任意浓度下的 CO$_2$化学溶解能力,以测定包括离子液体在内的溶剂的碳捕捉效率。

　　A. Chrobok 在常压 22 ℃、50 ℃、90 ℃研究了 1-烷基-3-甲基咪唑阳离子类离子液体对氧的溶解度,发现离子液体中促进形成氢与溶解氧的化学键的碳氟键 C—F 和碳氢键 C—H 严重影响到亨利常数。另外,A. Chrobok 还测定了离子液体对氧分子的稳定性,该项研究中所有的离子液体对氧分子或氧自由基的存在都具有较好的稳定性[35]。J. A. Whitehead 的研究发现氧在[Bmim]X 离子液体中的溶解度与氧在水中的溶解度几乎相等[36]。

　　影响气体溶解度的主要因素有阴阳离子组成、离子液体的极性、温度和压力等。江滢滢、吴有庭等[69]研究了六种咪唑类离子液体对 CO$_2$、SO$_2$、N$_2$ 和 CH$_4$ 的选择渗透性,结果发现 SO$_2$ 的渗透性最强,是 CO$_2$ 的 2 倍,是 N$_2$ 和 CH$_4$ 的 2~3 倍。离子液体对气体的输运和分离效果取决于阴阳离子结构。离子液体中的阴离子对气体的溶解度影响较大,而阳离子的影响较小。北京化工大学吴晓萍等[70]通过分子动力学模拟研究常温下 CO_2、O_2、N_2、CH_4 和 Ar 气体在不同离子液体[Bmin]BF_4、[Bmim]Tf_2N、[Omin]BF_4 以及[Omin]PF_6 中的溶解度，模拟结果表明：随着咪唑环上烷基链的增长，气体的溶解度增大；而气体在含有 Tf_2N^- 阴离子的离子液体中的溶解度较 BF_4^- 阴离子高约 2 倍，因此在将离子液体用于气体吸收时可优先考虑 Tf_2N^- 阴离子和具有较长侧链的咪唑类离子液体。当然，离子液体对气体的溶解还受温度和压力的影响。华南理工大学纪红兵、程钊等[71]系统地研究了 CO_2、CO、O_2、H_2、SO_2、N_2 气体在不同离子液体中的溶解性能，总结了气体在不同离子液体中溶解性能的一般规律，认为在低压下除 H_2 和 N_2 外，其他气体在离子液体中的溶解度随温度升高而减小，随压力升高而增大。气体在离子液体中的溶解度还与离子液体的极性有关，一般随离子液体的极性增大，气体的溶解度相应减少。

2.2.2　离子液体溶解有机物

（1）离子液体溶解有机溶剂

Crosthwaite 等[72,73]研究了常见的咪唑类离子液体与醇类的相互溶解性，并比较了阴离子对溶解性的影响，发现阴离子对醇和离子液体间亲和性的影响依次为：$[(CN)_2N]^- > [CF_3SO_3]^- > [(CF_3SO_2)_2N]^- > [BF_4]^- > [PF_6]^-$。Holbrey 等[74]报道了阳离子含有羟基的离子液体与丙酮能够部分互溶。Bonhote 等研究发现[Emim]CF_3SO_3 与有机溶剂二氯甲烷、四氢呋喃互溶，而与甲苯、二氧六环则不溶，且调节阳离子中烷基链的长短可改变其溶解度[75]。Fadeev 曾利用[Bmim]PF_6 和[Omim]PF_6 离子液体从生物燃料 ABE 的发酵液中回收丁醇[76]。Rogers 等[77]测量了几种芳香族化合物如甲苯、苯胺、苯甲酸、氯苯等在水和[Bmim]PF_6 中的分配系数，提出离子液体有望替代传统的易挥发性有机溶剂来进行萃取分离。

目前，普遍认为离子液体与常见的烷烃、烯烃的相互溶解性很小。1-辛烯在不同类型甲苯磺酸盐离子液体中的溶解实验结果发现，随着阳离子烷基侧链增长，非极性程度增大，1-辛烯在甲苯磺酸盐离子液体中的溶解能力显著增强[78]。清华大学朱吉钦、陈健等[79]利用气液色谱法，研究了不同温度下[Bmim]PF_6、[Amim]BF_4、[Mpmim]BF_4 等新型离子液体以及[Mpmim]BF_4＋AgBF_4 复合型离子液体（[Mpmim]BF_4离子液体作为色谱固定液）对烷烃、烯烃、苯及其同系物的溶解性能，研究结果发现溶解度顺序为芳烃＞烯烃＞烷烃；在疏水性的[Bmim]PF_6 离子液体中，烷烃、烯烃和苯等的溶解度都较大；而在亲水性的[Amim]BF_4 和[Mpmim]BF_4 离子液体中烃类的溶解度较小。芳烃化合物在离子液体中的溶解度比较大，有的离子液体完全与芳烃互溶。Hanke 等[80]针对离子液体与芳烃的互溶性进行了实验和分子热力学模拟,结果发现离子液体的阳离子本身具有芳香性环状结构,与芳烃的部分结构相似,所以两者的相互溶解性大。

（2）离子液体溶解纤维素和丝蛋白

纤维素的降解相对于葡萄糖、果糖和蔗糖要困难得多,目前为止尚未找到合适的离子液体既能溶解又能高效降解纤维素。主要因为纤维素各条链之间的氢键作用力非常牢固,只有部分离子液体能破坏氢键,形成均相溶液。有研究发现不同结构的离子液体对纤维素溶解速率和溶解度不同,阴离子为[BF$_4$]$^-$、[PF$_6$]$^-$的离子液体不能溶解纤维素,而阴离子为Cl$^-$、Br$^-$、SCN$^-$的离子液体能够溶解纤维素,并且通过微波加热可以提高溶解速率和溶解度[58]。

[Bmim]Cl离子液体对纤维素有良好的溶解性能。张军等[81,82]开发的[Amim]Cl离子液体对纤维素也具有较好的溶解效果。相对于离子液体[Bmim]Cl,在同等条件下[Amim]Cl离子液体具有熔点低、黏度小和热稳定性好等优点。[Amim]Cl在室温下能使纤维素发生溶胀,是纤维素的直接溶剂。另有研究发现,[Amim]Cl离子液体对原生纤维素具有非常好的溶解性能[38],可以在短时间内将未经任何活化处理的原生纤维素完全溶解,纤维素的溶解质量百分比可以达到14％。Fukaya等合成的阴离子为甲酸根的离子液体[Amim]HCO$_2$,表现出了比[Amim]Cl更好的溶解纤维素的能力。但是含甲酸根的离子液体合成复杂,而且热稳定性较差,因此Fukaya又研制了热稳定性较高的1-乙基-3-甲基咪唑磷酸酯盐离子液体,阴离子为甲基磷酸酯（[(MeO)-HPO$_2$]$^-$)、甲基磷酸甲酯（[(MeO)MePO$_2$]$^-$)和磷酸二甲酯（[(MeO)$_2$PO$_2$]$^-$)的离子液体,这些离子液体对纤维素也具有较好的溶解效果[83]。E. S. Sashina等研究报道称阴离子为醋酸的1-丁基-3-甲基咪唑离子液体溶解天然聚合物的能力比阴离子为氯离子的离子液体要强[37]。合肥工业大学郭立颖合成并比较了[Bmim]Cl、[Amim]Cl、[Hemim]Cl、[Aeim]Cl、[Heeim]Cl和[Hevim]Cl等离子液体对纤维素和木粉的溶解性能,结果发现离子液体[Hevim]Cl对纤维素的溶解效果最好[68]。

离子液体溶解纤维素的推测机理是Cl$^-$、Br$^-$等卤素离子电负性强,能够与纤维素大分子上的羟基形成氢键,从而破坏了纤维素分子间或分子内的氢键作用。离子液体能够溶解纤维素的可能机理：[Bmim]Cl离子液体中高浓度和高活性的Cl$^-$有效地破坏了纤维素中的氢键体系,使纤维素溶解于离子液体。Fort等[84]利用核磁共振法研究了[Bmim]Cl溶解纤维素机制,认为离子液体的阳离子与纤维素作用很弱,较难形成氢键；离子液体的阴离子则与纤维素的作用很强,阴离子Cl$^-$按1：1的计量比与纤维素上的羟基形成氢键。罗慧谋等[85]

发现若离子液体的阳离子侧链上带有羟基,则该羟基也可能与纤维素分子上的羟基形成氢键,进一步降低纤维素分子内或分子间氢键,促进纤维素在离子液体如[Hemim]Cl 中的溶解,从而溶解性能更加优良。

此外,离子液体在溶解羊毛及丝蛋白方面效果也很明显。江南大学袁久刚、范雪荣等[44]利用[Bmim]Cl 离子液体对羊毛进行预处理,结果表明预处理对蛋白酶水解起到了全面促进作用。[Bmim]Cl 离子液体能够较好地溶解纤维鳞片层。李秀艳、丰丽霞[86]考察了丝素蛋白在[Amim]Cl 和[(MA)mim]Cl 离子液体中的溶解特性,发现桑蚕丝丝素在离子液体中的溶解属于直接溶解。

2.2.3　离子液体溶胀溶解煤

离子液体之所以可以作为一种特殊材料来抑制煤自燃,其原因在于离子液体具有以下显著特点:

(1)离子液体中正负离子之间有较强的静电作用力,在常温常压下呈液态,挥发性极低,通常在 400 ℃以下都具有良好的热稳定性;对大部分气体包括氧气具有很好的化学惰性,这意味着离子液体可以用于较高温度环境且能保持化学稳定性。

(2)离子液体中的正负离子由有机芳香阳离子和无机阴离子共同组成,它对大多数有机化合物、有机金属化合物、无机化合物甚至高分子材料具有很强的溶解能力,因此离子液体应该可以很好地溶解煤结构中的活性基团。

(3)组成离子液体的阴阳离子及取代链的长短可以调整,从而调节离子液体的溶解性质。在理论上,通过阴阳离子配对可以组合出的离子液体种类繁多,可以根据特定环境需要合成出专用的功能化离子液体。

(4)离子液体可以与水不相溶。离子液体有亲水和疏水之分,若要将离子液体与其他物理灭火材料混合,可采用疏水性离子液体,但同时要考察离子液体与该种材料的协同作用性质。

目前,离子液体在煤化工领域的应用还只局限在利用离子液体进行煤液化前的预处理上,其他方面的研究还未见报道。沈阳化工大学耿胜楚、范天博等[45]将[Bmim]BF₄用于神华煤直接液化前的溶胀预处理,发现离子液体[Bmim]BF₄溶胀预处理能破坏煤结构中的小分子相与大分子网络结构间的氢键、π-π 和范德瓦尔斯力等分子间作用力,以及—O—键和芳香 C—C 键等弱共价键,疏松煤的网络结构,提高煤的溶胀度,降低煤结构的交联度,进而改善煤的液化性能,提高直接液化转化率和油气产率,但是高温却使得煤结构缔合更加紧密,导致溶胀后煤的液化转化率反而降低。河南理工大学曹敏、谷小虎等[46,47]利用离子液体[Emim]BF₄作为煤液化用溶剂,发现[Emim]BF₄对煤也具有溶解溶胀作用,红外光谱实验显示经过离子液体处理后,煤样的分子结构发生改变,但未对离子液体溶解溶胀煤的机理进行分析。美国 Park 大学学者 Paul Painter、Neurxida Pulati 等在研究离子液体溶解煤的实验过程中[48,49]发现[Bmim]Cl 能够部分溶解煤。Paul Painter 还推测当煤溶于[Bmim]Cl 离子液体中后,离子液体与煤之间快速形成了较强的分子间作用力,包括离子液体与煤中的矿物表面的离子-偶极、偶极-偶极、氢键作用以及与螯合离子间的静电力。

离子液体与煤的作用力程度与煤的结构、咪唑环上的取代链、阴离子体积及性质有关。尽管如此,对于煤与离子液体相互作用机理的研究还没有正式开始。

2.3 离子液体溶解煤的光学显微镜观察

选择离子液体来溶解煤的主要原因有两方面:首先,离子液体与煤分子单元结构相似,具有芳香环、杂环、脂肪碳氢链;再者,离子液体中全部为离子,相对于其他有机溶剂,其反应活性较高。离子液体种类繁多,而目前并没有相关的理论来帮助选择合适的具有抑燃效果的离子液体。因此本书作者参考大量文献,对离子液体作用于有机物的过程和结构进行了分析和总结,选择了九种可能具有溶解煤结构或抑制煤氧化能力的离子液体。所选离子液体能否溶解煤,从煤在离子液体中的表面形状改变就可以看出。本书利用光学显微镜对所选离子液体溶解煤的情况进行直接观察。

2.3.1 实验药品和器材

(1)实验器材:里万 LW100 系列光学显微镜、数码摄像头、真空干燥箱、载玻片、牙签、脱脂棉等。

(2)实验煤样:实验所用煤样采自山西潞安集团温庄煤业 15# 煤层的瘦煤,主要煤质指标如表 2-7 所示。

表 2-7 温庄瘦煤的主要煤质指标

样品	工业分析(wt)/%			含硫量(wt)/%	发热量/(MJ/kg)
温庄瘦煤	挥发分 V_{daf}	灰分 A_{ad}	水分 M_{ad}	$S_{t,d}$	$Q_{net,ad}$
	15.93	17.62	0.97	2.49	26.58

(3)实验试剂:本书选取常用的咪唑类离子液体 1-丁基-3-甲基咪唑氯盐[Bmim]Cl,1-丁基-3-甲基咪唑三氟甲磺酸盐[Bmim]OTf,低成本的纤维素溶剂 1-乙酸乙酯基-3-甲基咪唑四氟硼酸盐[AOEmim]BF₄ 和 1-烯丙基-3 甲基咪唑氯盐[Amim]Cl,具有还原性的 1-羟乙基-3-甲基咪唑四氟硼酸盐[HOEmim]BF₄,阴离子为醋酸的 1-丁基-3-甲基咪唑醋酸盐[Bmim]AC,1-乙基-3-甲基咪唑醋酸

盐[Emim]AC 离子液体,两种吡啶类离子液体溴化 N-乙基吡啶[EPy]Br 和 N-乙基吡啶四氟硼酸盐[EPy]BF₄。所有离子液体药品均购自中科院兰州化学物理研究所,其中[Bmim]Cl、[EPy]BF₄ 和[EPy]Br 在室温时为固态。本书所选离子液体的结构简式及其化学结构图见表 2-8。表 2-9 是实验所用离子液体的部分物理参数。

表 2-8　　　　　　　　　　　　**实验用离子液体的结构示意图**

离子液体	结构示意图
[Bmim]Cl	
[Bmim]OTf	
[Bmim]AC	
[Emim]AC	
[Amim]Cl	
[AOEmim]BF₄	

离子液体	结构示意图
[HOEmim]BF₄	
[EPy]Br	
[EPy]BF₄	

表 2-9　　　　　　　　　　**实验用离子液体的部分物理性质参数**

离子液体	纯度/%	密度/(g/cm³)	黏度/(mPa·s)	熔点/℃
[Bmim]Cl	99	1.13(65 ℃)	334(65 ℃)	65
[Bmim]OTf	99	1.29	90	16
[Bmim]AC	98.5	1.06	97	−20
[Emim]AC	98.5	1.03	91	−45
[Amim]Cl	99	1.175	136	17
[AOEmim]BF₄	99	/	/	/
[HOEmim]BF₄	99	1.33	/	/
[EPy]Br	99	1.35	/	147
[EPy]BF₄	99	/	/	68

注:离子液体的性质与纯度密切相关。因此到目前为止,只有部分可查测试数据,仅供参考。

　　从表 2-9 数据知:离子液体阴阳离子结构中没有电负性氧原子的[Bmim]Cl和[Amim]Cl 的黏度较高。其中,由于[Bmim]Cl 侧链全部为饱和烷基,且取代链较长,因此黏度比侧链带双键的[Amim]Cl 要高。阳离子侧链为烷基,阴离子为三氟甲磺酸和醋酸的离子液体的黏度较低,这是因为阴离子体积较大,电荷比较分散,使得阴阳离子间的范德瓦尔斯力较弱所致。[HOEmim]BF₄ 和[AOEmim]BF₄ 离子液体的阳离子取代基上带有含氧官能团,阳离子电荷较为分散,因此阴阳离子的范德瓦尔斯力较弱,使得这两种离子液体的黏度也较低。[Emim]离子的低分子量侧链有足够的活性,因此,[Emim]AC 比[Bmim]AC 的黏度低。侧链含羟基的[HOEmim]BF$_4$密度最大,阴离子为醋酸的[Emim]AC 和[Bmim]AC 离子液体密度最小。

2.3.2 实验过程

将原煤压碎筛分成 0.1～0.15 mm 粒径的颗粒。为除去煤中无机物,用0.1 mol/L 的盐酸与煤粉混合,进行酸洗。盐酸去灰能提取煤中的 Fe、FeO、Fe$_2$O$_3$ 和 Fe$_3$O$_4$,还能去除一定量的钙、镁、钠、钾和无机硫。用蒸馏水清洗,直至煤-水混合物呈 pH 中性。将酸洗后的煤放入真空干燥箱中干燥至质量恒定。用电子天平分别称取 2 g 煤粉放入九支试管中待用。利用移液管分别吸取 2 mL 离子液体放入试管中,未经搅拌,观察离子液体与煤界面情况,如图 2-3 和图 2-4 所示。除[HOEmim]BF$_4$能部分渗透进入煤粉,使得离子液体变浑浊外,其余离子液体与煤几乎没有快速混溶,且分层显示,上层为离子液体,下层为煤粉。

[Bmim]AC [Emim]AC [HOEmim]BF$_4$ [Bmim]OTf [AOEmim]BF$_4$ [Bmim]Cl [Amim]Cl

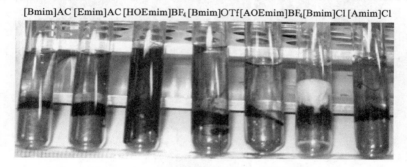

图 2-3　常温下咪唑类离子液体与煤还未充分混合时的情状

[Epy]Br　　[Epy]BF$_4$

图 2-4　常温下吡啶类离子液体与煤还未充分混合时的情状

用玻璃棒轻轻搅拌离子液体-煤混合物,两者充分混合后的状态如图 2-5 和图

2-6 所示。实验所用离子液体在常温下并非都为液态，[EPy]Br、[EPy]BF$_4$ 和 [Bmim]Cl 在常温下为固态。本书采用水浴/油浴加热使固态离子液体融化后再与煤充分混合。[EPy]BF$_4$、[EPy]Br 和 [Bmim]Cl 与煤粉的混合物流动性较好，但是一旦温度降到常温后便凝固成块。若加入较多量的流态离子液体（离子液体与煤的体积比约为 3∶1），降到常温后，混合物能一直保持流态，这与美国学者发现的"加热融化后的[Bmim]Cl 与煤粉混合后，降至常温下不再凝固"的实验现象一致[48]。而且，将离子液体-煤混合物静置 48 h 后，离子液体与煤并未分层。

[Bmim]AC [Emim]AC [HOEmim]BF$_4$ [Bmim]OTf [Amim]Cl [AOEmim]BF$_4$ [Bmim]Cl

图 2-5 咪唑类离子液体与煤粉混合物静置 48 h 后的混溶情况

[Epy]Br   [Epy]BF$_4$

图 2-6 静置 48 h 后两种吡啶离子液体[Epy]BF$_4$ 和[Epy]Br 与煤的混溶情况

用棉签从试管中取少量流态混合物均匀涂于载玻片上，并用盖玻片覆盖以防污染。从目镜中观察样品，调节放大倍数至 160X，观察煤分子在离子液体中的分散形态，并用显微镜数码摄像头获取显微图。

2.3.3 实验结果

如图 2-7 所示，原干煤颗粒呈较为完整的方形片状，周围无其他散碎颗粒，无碎裂分散情况。

图 2-7　原干煤颗粒显微图

用显微镜观察煤粉在各种离子液体中的溶解情况,发现煤颗粒已经分解成大量小颗粒,细碎的小颗粒之间又相互吸引聚集,呈现出流动的状态。显微镜成像结果如图 2-8 所示。

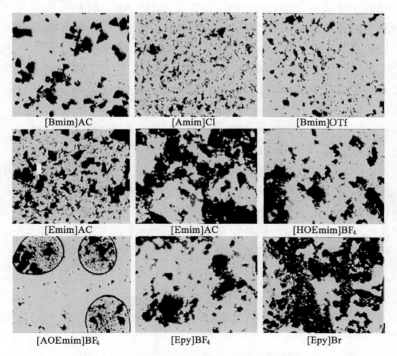

图 2-8　煤颗粒在九种离子液体中溶解分散的显微图

由煤在各离子液体中的光学显微图可见,煤的分布以悬挂型、凝聚型、分散型为主,个别情况呈圈形独立团体分布。不同离子液体的阴阳离子的静电分布以及各离子液体的黏度差异,是造成煤破碎结构团聚或独立现象的关键。在显微镜下可观察到液体的流动,但在不同离子液体中的流动状态不同。在黏度较小的离子液体中,颗粒分散速度较快,而在黏度较大离子液体中,颗粒分散速度很慢甚至不分散;在有些离子液体中破碎颗粒分散的结果是与其他结构相互团聚,而有些离子液体中则是远离其他结构,独立存在。出现以上现象的本质原因其实是各种离子液体的物化性质不同,以及与煤相互作用时,阴阳离子结构、煤微观结构发生了变化。但光学显微镜实验只是从宏观上显示了"离子液体能够破碎煤"的整体印象,至于该现象的本质还需进一步进行实验研究和分析。

2.4 本章小结

本章概括介绍了离子液体的结构、种类和物理化学性质,重点叙述了离子液体溶解气体和有机物的研究现状,以及离子液体在煤化工领域的最新研究成果。

尽管离子液体的工业应用刚刚起步,但是其特殊的结构和物理化学性质使得离子液体能够溶解有机物和高分子聚合物。目前,离子液体在煤化工领域的研究只局限在煤液化方面,其他方面的应用成果还未见报道。作者在此基础上提出了用离子液体溶解煤中易氧化官能团,从而考察离子液体对煤低温氧化性能的影响。虽然这方面研究结果还很有限,但有理由认为离子液体的特殊结构和物化性质以及"可设计性"会给其溶解煤带来意想不到的结果。

本章还通过光学显微镜分别观察了煤在[Bmim]Cl、[Bmim]OTf、[Amim]Cl、[Bmim]AC、[Emim]AC、[AOEmim]BF$_4$、[HOEmim]BF$_4$、[EPy]Br 和[EPy]BF$_4$ 九种离子液体中的溶解分散情况,并在同样的放大倍数下与原煤的颗粒大小进行对比,发现煤在离子液体中能够破裂、分散,说明离子液体确实能够破碎煤结构。但是光学显微镜实验只是提供了煤在离子液体中破碎分散的直观显像,并不能由此推断煤在离子液体中的微观结构变化情况,因此对于离子液体溶解煤的本质还需进一步的科学实验来分析和验证。

3　红外光谱实验研究离子液体对煤中官能团的影响

对于氧化性严重的煤，一般含有大量的脂肪族基和含氧官能团，同时煤的芳环有较多侧链。实验及量子化学计算都表明在煤样复合过程中，氧原子较易攻击脂肪烃类侧链和桥键。因此，煤中的脂肪烃类和含氧官能团都呈现随温度升高先增加后减少趋势。在氧化初期，脂肪烃氧化生成大量含氧官能团，但随着氧化温度的继续升高，含氧官能团脱落分解，逸散出 CO、CO_2 等气体产物，使含氧官能团的总数反而下降。因此，要利用离子液体来影响煤氧化性质，需要考察离子液体是否能溶解煤中的脂肪侧链和含氧官能团。

煤中官能团之间以氢键、离子间作用力和芳环间作用力形成稳定的交联聚合物。这些作用力深刻地影响着煤在有机溶剂中的溶解过程。煤结构中主体芳烃结构为憎水性基团，吡啶、CS_2、NMP 等有机溶剂主要针对煤中的芳香主体及脂肪烃类结构，而对含氧官能团的溶解却没有明显效果。但是，煤的桥键和侧链却含有较多的羰基、羟基和羧基类亲水性基团，而且越易自燃的煤中含氧官能团数量越多。根据"相似相溶"原理，能够溶解煤结构的溶剂，其结构中应该也含有芳香环、脂肪族烃链和含氧官能团。但目前的研究证明：没有含氧官能团的离子液体，如［Bmim］Cl 离子液体也能溶解煤。因此，离子液体与煤的相互作用不能仅仅用"相似相溶"来解释，而且煤中脂肪烃、含氧官能团在离子液体中是否溶解与离子液体的阴阳离子结构有密切关系。本章通过红外光谱实验对原煤和离子液体处理煤中官能团进行测试分析，探讨不同阴阳离子结构的离子液体对煤微观结构的影响。

3.1　红外光谱测试原理

傅立叶变换红外光谱仪（Fourier Transform Infrared Spectroscopy，FTIR）将一束不同波长的红外射线照射到所测分子上，某些特定波长的红外射线被吸收，形成所测分子的红外吸收光谱。每种分子独特的组成和结构决定了其独有的红外吸收光谱。红外光谱测试技术就是这样利用红外光对物质分子结构进行分析和鉴定的。

红外吸收光谱是由分子不停地作振动和转动而产生的。分子振动是指分子中各原子在平衡位置附近作相对运动,多原子分子可组成多种振动图形。当分子中各原子以同一频率、同一相位在平衡位置附近作简谐振动时,这种振动方式称简正振动,例如伸缩振动和变角振动。分子振动的能量与红外射线的光量子能量正好对应,因此当分子的振动状态改变时,就可以发射红外光谱,也可以因红外辐射激发分子而振动,产生红外吸收光谱。

红外光谱的产生需具备两个条件:

(1)红外光谱的频率与分子中某基团振动频率一致。

(2)分子振动引起瞬间偶极矩变化。由于完全对称分子(如:N_2、O_2 等)没有偶极矩变化,红外辐射不能引起分子结构共振,因此没有红外活性;而非对称分子(如 HCl、H_2O 等)有偶极矩,具有红外活性。

红外光谱谱带的数目、位置、形状和强度都随化合物结构不同而异。因此,红外光谱法是定性鉴定和结构分析的有力工具。甲基、亚甲基、羰基、氰基、羟基和胺基等有机官能团在不同化合物中所对应的谱带波数基本上是固定的,或只在小波段范围内变化,因此通过红外光谱测定,就可以判定有机物中存在的有机官能团种类,这为最终确定有机物的化学结构奠定了基础。目前,红外测试技术已被广泛应用于煤结构的测试和研究。

3.1.1　红外光谱分析

红外光谱实验可用于对物质结构的定性定量分析。红外光谱的定量分析是基于 Lambert-Beer 定律进行的吸光度与样品或官能团浓度间的定量转换。定律表达式如下[87]:

$$A_b(\nu) = \lg \frac{1}{T_r(\nu)} = K(\nu)bc$$

式中,$A_b(\nu)$表示在波数 ν 处的吸光度,无单位;$T_r(\nu)$ 为透射比,%;$K(\nu)$表示在波数 ν 处的吸光度系数,无单位;b 为样品厚度,m;c 为样品的浓度,mol/L。Lambert-Beer 定律是指当一束平行单色光垂直通过某一均匀非散射的吸光物质时,其吸光度 A 与吸光物质的浓度 c 及吸收层厚度 b 呈正比。Lambert-Beer 定律只适用于与样品浓度呈正比的吸光度光谱或 Kubelke-Munk(K-M)漫反射光谱。

当煤的粉末样品受到红外辐射后,会产生大量的向各个方向的散射光,如将其利用凹面镜全部收集,通过检测便可得到试样的漫反射红外光谱图。

K-M 方程认为,在漫反射中存在着以下的关系:

$$\frac{K}{S} = \frac{(1 - R_\infty)^2}{2R_\infty}$$

式中，R_∞ 为试样在无限深度下与无红外吸收的参照物漫反射率之比；K 为试样分子吸收系数；S 为试样散射系数。

原始的漫反射谱横坐标是波数，纵坐标是漫反射比 R_∞，经过 K-M 方程校正后，最终得到的漫反射光谱图与红外吸收谱图相类似。K-M 函数与样品浓度之间的关系与 Lambert-Beer 定律相同。

红外谱图复杂，相邻峰重叠多，难以找到合适的检测峰，而且红外谱图峰形窄，光源强度低，检测器灵敏度低，这些因素都导致对比尔定律的偏离。红外测定时难以消除吸收池、溶剂的影响，红外定量分析的准确度受样品称量、溶液配制和槽厚，以及吸光度测定的影响，实际上误差基本都超过 ±1%。由于红外测试技术定量分析存在较大局限性，学者们多以定量结果来定性分析煤中官能团。定量分析主要有峰高和峰面积两种方法。采用峰面积进行定量分析往往比采用峰高更加准确。因此在本书红外谱图分析中采用峰面积定量分析方法。

3.1.2 煤中官能团红外吸收归属

任何不同的化合物均可以得到不同的红外光谱图，而且在红外光谱图中各种特定的官能团如 —CH₃，—OH，—COOH，—NH₂，—C≡C—，$\diagup_\diagdown \text{C}=\text{C} \diagdown^\diagup$ 等在一定频率里产生的特征吸收峰的位置基本保持不变。一张红外光谱图往往会出现几十个吸收峰，一般情况下，只需判别其中几个或十几个特征峰，即可对有机物进行结构鉴定了。煤并非完全对称分子，有偶极矩变化，其中的苯环、烃基、羧基、酯氧键、羟基均是煤大分子结构的特征官能团，具有红外活性，是煤产生红外吸收光谱的主要原因。煤中各种官能团在红外光谱上的吸收位置及强度见表3-1。

表 3-1 煤中官能团在红外光谱中特征吸收频率及强度[87]

强度	谱峰位置/cm⁻¹	官能团	官能团属性
	3 697～3 685	—OH	游离 OH 键，判断醇、酚和有机酸类
	3 684～3 625		
	3 624～3 610		
	3 610～3 580		
br	3 550～3 200	OH…π	OH 与 π 键形成氢键
		OH…OH	OH 自缔合氢键
		OH…—O—	醚 O 与 OH 形成的氢键
			其他氢键

强度	谱峰位置/cm^{-1}	官能团	官能团属性
w	3 060～3 032	—CH	芳环—CH 基
sh	2 975～2 950	—CH$_3$	环烷或脂肪族中—CH$_3$ 反对称伸缩振动
s	2 935～2 918	—CH$_3$,—CH$_2$—	环烷或脂肪族中甲基、亚甲基反对称伸缩振动
w,sh	2 900	—CH	环烷或脂肪族—CH
w,sh	2 882～2 862	—CH$_3$	环烷或脂肪族中—CH$_3$ 对称伸缩振动
m-s	2 858～2 847	—CH$_2$	亚甲基对称伸缩振动
	1 910～1 900	C—C	苯的 C—C、C—H 振动的倍频和合频峰
v,br	2 780～2 350	—COOH	羧基
	1 715～1 690		羧基 COOH 伸缩振动,判断羧基的特征频率
vw	1 780～1 765	C=O	芳烃酯、酐、过氧化物的 C=O 键
v	1 770～1 720	C=O	脂肪族中酸酐伸缩振动
v	1 736～1 722	C=O、—CO—O—	醛、酮、酯类羰基
	1 690～1 650	C=O	醌基中 C=O 伸缩振动
	1 650～1 640	—CO—N—	脂肪族酰胺
	1 590～1 560	—COO—	—COO—反对称伸缩振动
v	1410	—COO—	—COO—对称伸缩振动
s	1 635～1 595	C=C,C=N	芳香环或稠环中 C=C 伸缩振动
sh	1 560～1 460		
m	1 460～1 435	—CH$_3$	CH$_3$ 反对称变形振动,是 CH$_3$ 特征吸收
	1 449～1 439	—CH$_2$	亚甲基剪切振动
m	1 379～1 373	—CH$_3$	甲基对称变形振动
br	1 330～1 060	C—O—C,Ar—C—O—	酚、醇、醚、酯氧键
v	1 060～1 020	Si—O	Si—O—Si 或 Si—O—C 伸缩振动,硅酸盐矿物
	979～921	OH	羧酸中 OH 弯曲变形
	940～900	OH	OH 面外振动
w	900～675		取代苯类
	747～743	—CH$_2$	亚甲基平面振动

注:v——强度变化不定;vw——非常弱;w——弱峰;sh——肩峰;m——中等;br——宽吸收;
s——强。

3.2　原煤和离子液体处理煤中官能团的红外光谱实验

3.2.1　实验过程

　　将第 2 章中所述离子液体与煤粉混合体系静置 48 h 后,用蒸馏水清洗过滤煤,直至 pH 值为中性为止。洗净后对煤粉进行常温真空干燥 48 h 后,用密封袋分装以供红外分析实验和热分析实验使用。

　　本章红外光谱实验是在河南理工大学安全科学与工程学院实验室进行,所用光谱仪为德国布鲁克光谱仪器公司 TENSOR-37 型傅立叶变换红外光谱仪,如图 3-1 所示。实验时,采用干燥的 KBr 做压片载体,样品与 KBr 按 1∶100 比例混合压片,装入样品槽中,并正确放置在光路中。在 650～4 000 cm^{-1} 范围内收集红外光谱信息,每个煤样扫描 64 次,光谱分辨率为 4 cm^{-1}。

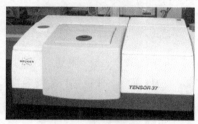

图 3-1　TENSOR-37 型傅立叶变换红外光谱仪

3.2.2　实验结果及分析

　　借助 OMNIC 采样器直接、快速、准确地测定原煤与离子液体处理煤的红外光谱,经过 Kubelka-Munk(K-M)函数转换后,使红外光谱吸收峰的 K-M 光谱强度与煤中官能团含量呈正比,可以从红外光谱吸收光谱外形、光谱强度及峰面积大小分析各种离子液体对煤中官能团的影响情况。各煤样的红外谱图经 K-M 方程处理后如图 3-2 至图 3-11 所示。各红外光谱图的横坐标为波数,cm^{-1};纵坐标是经 K-M 方程校正后的光谱信号强度,无量纲。

　　分析图 3-2 原煤中的官能团种类,结果如下:

　　(1) 脂肪烃和芳香烃:3 046,2 922,2 963,2 863 cm^{-1} 附近出现了芳烃—CH 基和脂肪族的甲基、亚甲基吸收峰,结合 1 609 cm^{-1} 附近的芳香环 C=C 的吸收峰和 1 406,1 440 cm^{-1} 处的甲基、亚甲基剪切振动吸收峰,和 871,817,754 cm^{-1} 处的煤中对位双取代苯类、间位双取代苯类和邻位双取代苯类的吸收峰,充分说明了煤中芳香主体结构以及脂肪烃类结构的存在。

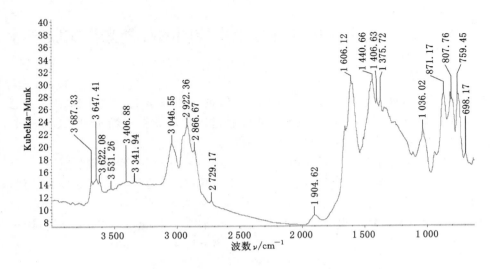

图 3-2　原煤的 K-M 光谱图

（2）含氧化合物：在 3 647，3 622 cm⁻¹ 附近出现了醇酚游离—OH 吸收峰，1 345 cm⁻¹ 处是较强的醇—OH 面内弯曲振动吸收峰，说明原煤中有较多醇—OH。3 531 cm⁻¹ 附近出现了—OH 与 π 键形成的氢键的特征峰，在 3 406，3 341 cm⁻¹ 附近还出现氢键化缔合类羟基，表明了原煤的大分子网络的氢键缔合结构；2 729 cm⁻¹ 附近的吸收峰是—COOH 的特征吸收峰，结合 941 cm⁻¹ 处羧基中—OH 的吸收峰，证实了煤中含有羧基基团；另外，煤中有羰基存在，如 1 658 cm⁻¹ 处酮基中 C≡O 伸缩振动吸收峰，但没有出现 1 736～1 722 cm⁻¹ 指示的醛、酮、酯类—CO—O—羰基吸收峰和 1 770～1 720 cm⁻¹ 指示的芳烃酯、酐、过氧化物的 C≡O 羰基；1 162，1 219 cm⁻¹ 分别为醇和酚的碳氧键 C—O 振动吸收峰，结合醇酚—OH 吸收峰的存在，表明原煤样中含有醇类和酚类。光谱中还出现了 1 063，1 115 cm⁻¹ 位置的脂肪醚中 C—O 吸收峰以及 1 008，1 036 cm⁻¹ 附近的 Si—O—Si 或 Si—O—C 伸缩振动吸收峰。

对离子液体处理煤中的官能团种类进行定性分析，得出以下结果：

（1）脂肪烃和芳香烃：所有离子液体处理煤在 3 047，2 959，2 922，2 857 cm⁻¹ 附近都出现了芳烃—CH 和脂肪族甲基和亚甲基的吸收峰，结合 1 607，1 497 cm⁻¹ 附近的芳香环 C≡C 的吸收峰和 1 462，1 443，1 376 cm⁻¹ 附近的甲基、亚甲基特征吸收峰，以及 872，811，752，700 cm⁻¹ 处的煤中对位双取代苯类、间位双取代苯类和邻位双取代苯类的吸收峰，充分说明离子液体处理煤中也有芳香结构和脂肪烃类结构的存在。

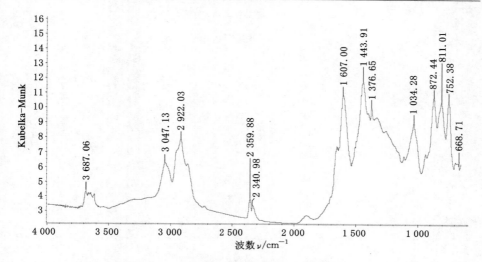

图 3-3 ［Bmim］Cl 处理煤的 K-M 光谱图

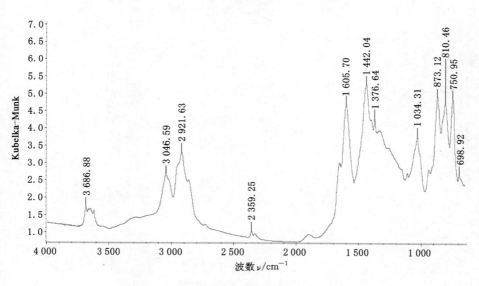

图 3-4 ［Bmim］OTf 处理煤的 K-M 光谱图

（2）含氧化合物：离子液体处理煤在 3 687，3 622 cm^{-1} 附近出现了醇酚游离—OH 吸收峰，1 200，1 251 cm^{-1} 附近分别为醇和酚的碳氧键 C—O 振动吸收峰，结合 1 336 cm^{-1} 附近的醇、酚—OH 吸收峰，说明离子液体处理煤中有醇、酚结构存在；3 556 cm^{-1} 附近出现羟基与 π 键形成的氢键的特征峰，表明离子液体处理煤中的羟基组成主要是醇酚游离羟基和与 π 键形成氢键的羟基；2 359，

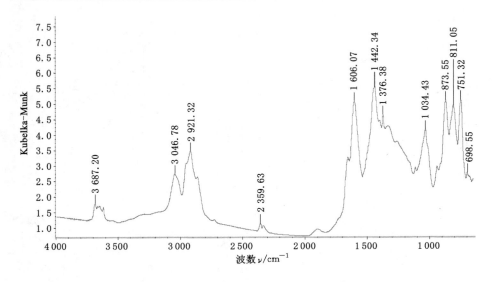

图 3-5 [Bmim]AC 处理煤的 K-M 光谱图

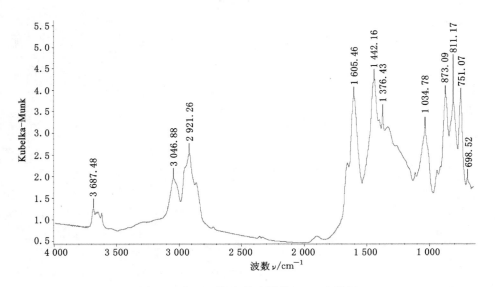

图 3-6 [Emim]AC 处理煤的 K-M 光谱图

2 341,2 728,1 701 cm^{-1}附近的吸收峰是—COOH 的特征吸收峰,918 cm^{-1} 和 948 cm^{-1}附近是羧基中—OH 的吸收峰,证实了离子液体处理煤中含有羧基基团;1 675 cm^{-1}醌基中 C ═O 伸缩振动,1 729 cm^{-1}指示的醛、酮、酯类—CO—O—羰基,1 776 cm^{-1}指示的芳烃酯、酐、过氧化物的 C ═O 羰基峰的存在,表明

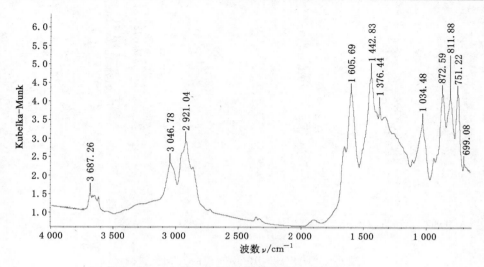

图 3-7　〔Amim〕Cl 处理煤的 K-M 光谱图

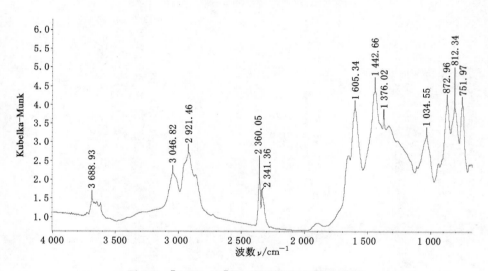

图 3-8　〔AOEmim〕BF₄ 处理煤的 K-M 光谱图

离子液体处理煤中含有羰基,但不同处理煤中羰基种类和数量不同。〔AOEmim〕BF$_4$煤中羰基种类比较少,只有 1 682 cm^{-1}醌基中 C=O 伸缩振动,其他醛、酮、酯类—CO—O—羰基、芳烃酯的 C=O 羰基峰等都没有出现;1 109 cm^{-1}位置对应的是脂肪醚中 C—O 吸收峰,1 007,1 034 cm^{-1}附近出现的是 Si—O—Si 或 Si—O—C 伸缩振动吸收峰。

　　图 3-12 是原煤及各离子液体处理煤中官能团 K-M 光谱强度比较。

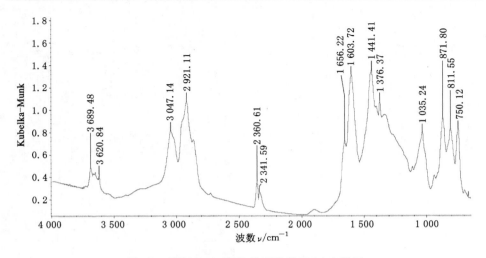

图 3-9 ［HOEmim］BF₄处理煤的 K-M 光谱图

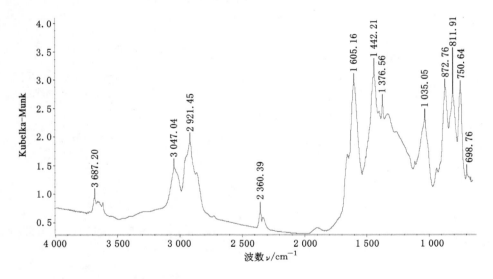

图 3-10 ［EPy］BF₄处理煤的 K-M 光谱图

采用曲线拟合法使重叠在一起的各个子峰通过计算机程序分解为呈高斯函数分布的各个子峰。如图 3-13 所示为［AOEmim］BF₄处理煤在 3 200～2 200 cm⁻¹波段的拟合峰,可以清楚看出曲线拟合法将重叠的峰进行了准确分离,使谱图信息得到了更好的表现。

在有关煤的 FTIR 研究中,一般以某些典型吸收峰的峰面积来定量分析相

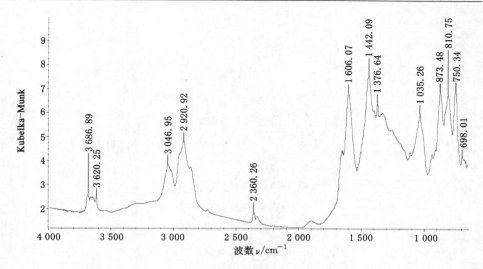

图 3-11 ［EPy］Br 处理煤的 K-M 光谱图

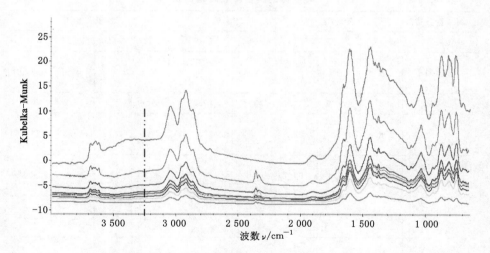

图 3-12 原煤及各离子液体处理煤官能团光谱强度比较

（注：沿双点划线自上而下分别是原煤、［Bmim］Cl、［Epy］Br、［Bmim］AC、［Bmim］OTf、

［Amim］Cl、［AOEmim］BF₄、［Emim］AC、［Epy］BF₄、

［HOEmim］BF₄离子液体处理煤的 K-M 光谱图）

关基团在煤中的存在浓度。本书分别选择了能够表征芳烃类官能团、脂肪烃类官能团、含氧官能团等的典型吸收峰，并列出各相应波数官能团的峰面积。分峰拟合数据所得各煤样的典型吸收峰峰面积如表 3-2 所示。

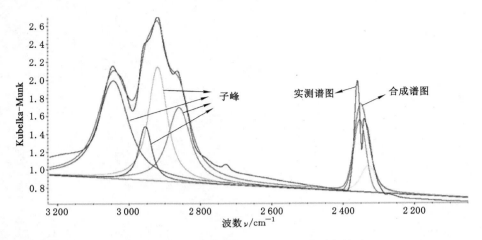

图 3-13　[AOEmim]BF₄处理煤段的峰拟合结果

表 3-2 各煤样的典型吸收峰峰面积

煤结构分类	芳烃类			脂肪烃类		含氧官能团			
峰位/cm⁻¹	3 059	1 597	870	2 959	2 922	3 687	3 620	1 725	1 705
官能团	—CH	C═C	取代苯类	—CH₃	—CH₃ —CH₂—	—OH	C═O	—COOH
原煤	306.2	126.4	374.4	30.2	206.5	11.6	7.9	16.0	3.2
[Bmim]Cl 处理煤	278.8	161.4	232.3	130.1	336.7	27.3	13.9	13.3	28.6
[Bmim]OTf 处理煤	123.9	56.3	165.7	68.2	137.0	8.6	6.6	6.1	9.4
[Amim]Cl 处理煤	103.6	72.2	75.1	57.8	125.3	7.2	3.4	6.5	9.4
[Bmim]AC 处理煤	77.0	70.3	114.1	77.0	119.2	17.6	6.1	8.8	11.1
[Emim]AC 处理煤	76.7	54.4	129.3	54.9	79.0	13.1	7.7	7.5	11.0
[AOEmim]BF₄ 处理煤	78.7	125.3	93.0	70.0	92.6	26.2	9.3	/	9.8
[HOEmim]BF₄ 处理煤	35.6	24.1	48.4	26.6	37.6	5.1	2.8	0.78	2.8

续表 3-2

煤结构分类	芳烃类			脂肪烃类		含氧官能团			
峰位/cm^{-1}	3 059	1 597	870	2 959	2 922	3 687	3 620	1 725	1 705
官能团	—CH	C＝C	取代苯类	—CH$_3$	—CH$_3$ —CH$_2$—	—OH		＼C＝O ／	—COOH
[Epy]BF$_4$ 处理煤	66.2	39.6	161.4	43.2	70.7	4.0	1.6	2.8	5.0
[Epy]Br 处理煤	152.5	88.4	123.4	79.4	211.5	8.9	6.4	8.9	10.8

结合图 3-12 和表 3-2 所示的所有测试煤样的谱图和特征峰面积,分析原煤和不同离子液体处理煤中特征官能团的种类和数量差别,得出以下结果:

(1) 与原煤相比,离子液体处理煤中特征官能团种类基本不变。

(2) 原煤与离子液体处理煤中官能团的主要差别分析如下:

① 羟基——原煤在 3 655,3 629 cm^{-1} 附近出现了醇、酚游离—OH 吸收峰,3 531 cm^{-1} 附近出现羟基与 π 键形成的氢键的特征峰,在 3 406,3 341,3 201 cm^{-1} 附近出现缔合类氢键化羟基,说明原煤的缔合程度较高;而离子液体处理煤中未出现氢键化羟基吸收峰,只有自由羟基吸收峰,说明离子液体破坏了煤中的氢键,原先形成氢键的羟基成为自由羟基。在离子液体溶解煤过程中,离子液体与煤发生键合,离子液体对煤有溶胀作用,破坏了煤中的羟基形成的氢键和羟基与 π 键、醚类形成的氢键,这种破坏作用越强,氢键的吸收峰强度越弱,甚至消失。

② 羧基和羰基——原煤羧基—COOH 弱吸收峰在 2 700 cm^{-1} 处,947,917 cm^{-1} 附近是羧酸—OH 振动弱吸收峰,而离子液体处理煤中羧基吸收峰偏移到 2 340 cm^{-1} 处,主要原因在于原煤中羧基受离子液体强极性的影响向低波数偏移[88];[Emim]AC 处理煤中几乎未出现 2 341 cm^{-1} 吸收峰,[Bmim]AC、[Bmim]OTf、[Amim]Cl、[Epy]BF$_4$ 和[HOEmim]BF$_4$ 离子液体处理煤在该处的吸收峰很弱。但是,[AOEmim]BF$_4$ 处理煤在 2 360 cm^{-1} 处的羧基光谱强度很高,可能是因为[AOEmim]BF$_4$ 在溶解煤骨架及侧链桥键的同时,阳离子结构中的乙酸乙酯基与煤中羟基发生键合,形成羧酸,从而增加了煤中的羧酸含量。另外,离子液体处理煤在 1 705 cm^{-1} 处的羧基特征峰峰面积普遍高于原煤。

③ 羰基——离子液体处理煤在 1 725 cm^{-1} 附近的羰基吸收峰峰面积普遍比原煤的要小。其中,[AOEmim]BF$_4$ 处理煤中羰基种类比较少,只有 1 682 cm^{-1} 处的醌基中 C＝O 伸缩振动,其他醛、酮、酯类—CO—O—羰基,芳烃酯、酐、过氧化物的 C＝O 羰基峰等的吸收峰几乎没有出现。究其原因,主要是咪

唑阳离子取代基的乙酸乙酯中含有羰基,对煤中羰基结构溶解较多。

④ 脂肪烃支链——[Bmim]AC、[Bmim]OTf、[Amim]Cl、[AOEmim]BF$_4$、[Emim]AC、[Epy]BF$_4$ 和[HOEmim]BF$_4$ 离子液体处理煤在 2 959 cm^{-1} 和 2 920 cm^{-1}附近脂肪烃类甲基、亚甲基的伸缩振动吸收峰峰面积减小,这主要是因为离子液体对脂肪族直链烃的部分溶解造成的。其中,[HOEmim]BF$_4$ 离子液体处理煤中的脂肪烃类的峰面积最小。[Bmim]Cl 和[Epy]Br 处理煤的甲基、亚甲基峰面积较大。

⑤ 芳香环——离子液体处理煤中的 3 046 cm^{-1} 处芳环 C—H,1 658 cm^{-1} 处芳环中的 C═C 的光谱强度都减弱,说明离子液体能够部分破坏芳香结构。

⑥ 取代苯类——九种离子液体对原煤中的取代苯类都能部分溶解,这是因为离子液体的咪唑和吡啶类阳离子结构也有一定的芳香性,与取代苯类的结构相似,所以溶解性强。[Bmim]Cl 和[Epy]Br 处理煤中的取代苯类峰面积较大,其中的取代苯类含量较多;[HOEmim]BF$_4$ 处理煤的取代苯类吸收峰面积相对最小,说明[HOEmim]BF$_4$对取代苯类结构破坏能力最强。

总之,煤官能团在[Bmim]AC、[Bmim]OTf、[Amim]Cl、[AOEmim]BF$_4$、[Emim]AC、[Epy]BF$_4$ 和[HOEmim]BF$_4$ 离子液体中的溶解都较为明显。只有[Bmim]Cl 和[Epy]Br 离子液体对煤的溶解作用程度低。可见离子液体对煤的溶解与离子液体的阴阳离子结构关系密切。阳离子取代基都为饱和烷烃基,且阴离子为体积较小的卤素原子时,对煤的溶解作用较弱。而离子液体中带有强电负性原子的离子液体,如阴离子为 AC$^-$、BF$_4^-$ 的离子液体以及阳离子带有含氧取代链的离子液体,其中的电负性原子易与煤中的羟基形成氢键,从而增强了其对煤结构中氢键的破坏能力。[HOEmim]BF$_4$ 处理煤的特征峰光谱强度相对最弱,可能是因为该离子液体中的阳离子取代基含有羟基—OH,对煤中羟基缔合结构破坏最大,而且易与煤中断裂的氢键残基形成氢键,从而溶解煤结构的能力更强。

3.3　离子液体中阳离子与煤的相互作用

一般认为煤的溶解与聚合物溶解相似,需经历先溶胀后溶解的过程。但是煤结构中存在大量交联键,因此普通溶剂只能溶胀煤,而很难溶解煤。根据高聚物溶解的"溶剂化作用",当溶质和溶剂分子之间的作用力大于溶质分子之间的作用力,将会使溶质分子彼此分离而溶解于溶剂中。已有研究表明离子液体能够部分溶解煤,说明离子液体与煤之间存在较强的"溶剂化作用",但是详细的作用机理却还未有学者进行阐述。

在溶液中,溶质和溶剂分子的供电子中心和受电子中心相互碰撞,将产生"结合力",这种碰撞概率较大,而且结合在一起形成的结构的平均寿命也较长,这种结合力形成的物质结构称为"瞬时配合物"[89]。由于煤表面的负电基团多于正电基团,整体呈电负性[27],因此在离子液体溶解煤的过程中,离子液体与煤分子之间有强偶极作用,而且有氢键形成;同时,阳离子与煤表面负电性基团(如羧基、羟基)结合生成了大量瞬时配合物,阴离子则与煤结构中的正电性基团(如脂肪烃基、羟基)结合生成瞬时配合物。煤中羧基、羰基、羟基与离子液体的瞬时配合可由两种途径发生:一是羧基、羰基、羟基上的氧原子提供孤对电子,与离子液体的阳离子发生瞬时配位;二是离子液体的阴离子上的电负性原子提供孤对电子,与煤羟基、羧基上具有强受电子作用的氢原子发生瞬时配位。

由于溶剂"笼子效应"的存在[90],煤处于周围大量离子液体包围之中,离子液体中的阳离子被负电性基团束缚,使得阴离子从阳离子的束缚解脱成为自由离子,而离子液体的阴离子被煤表面正电性基团束缚,使得对应阳离子成为自由离子。自由离子是裸露的,与煤中带电基团的反应很迅速。不等量的阴阳自由离子存在于外层离子液体中,对本来稳定的未参与反应的离子液体阴阳离子产生作用力,使得这些离子液体被逐层活化。

图 3-14 所示为离子液体溶解煤的"瞬时配合物"模型示意图。煤表面呈负电性,离子液体的阳离子作为受体,易与煤表面的大量负电性基团键合形成瞬时配合物,而阴离子作为配体与煤表面的少量正电性基团键合形成瞬时配合物,如此形成"瞬时配位层"。瞬时配合物中的配位键是极性键,电子总是偏向一方。"瞬时配位层"的形成导致外层离子液体体系电性不平衡,自由离子逐层活化周围离子液体,使得阴、阳离子活性很大,形成"活化离子层";活化后的阴离子和阳离子对形成的极性瞬时配合物的阳离子和阴离子具有很强的离子间吸引力,使得配合物脱离煤体,从而溶解于离子液体,形成"溶解层";当溶解到一定程度时,体系呈电中性,无法再激发离子液体阴阳离子的活性,使得形成配合物的阴阳离子结构与煤键合后不能脱离煤体,从而存留在未溶的煤体中。

根据上述溶解过程分析,实验离子液体处理煤样中应有离子液体结构的残留。在红外光谱图中,最易辨别的就是咪唑环和吡啶环的吸收特征峰。而阴离子相关的吸收峰如 Br—C,Cl—C,F—C 等在低波数段,干扰峰很多,很难识别和判断。因此,笔者选取咪唑和吡啶类阳离子的特征峰为研究对象。表 3-3 所示为纯咪唑、纯吡啶以及相关烷基取代基特征吸收峰位置[91,92,68]。表 3-4 和表 3-5 分别为咪唑类离子液体和吡啶类离子液体处理煤中咪唑和吡啶类阳离子相关官能团特征吸收峰的位置。

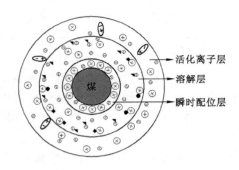

图 3-14 离子液体溶解煤的"瞬时配合物"模型

表 3-3　　　　纯咪唑环、吡啶环及烷基取代链的部分官能团参考吸收峰

官能团	参考波数/cm⁻¹
纯咪唑 C—H 伸缩振动	3 014
纯咪唑 C=C,C=N 伸缩振动	1 544,1 497
纯咪唑环 C—N 伸缩振动	1 326
咪唑环侧链—CH₃伸缩振动	2 887,2 857
咪唑环侧链—CH₂—伸缩振动	2 843
纯吡啶 C—H 伸缩振动	3 026
吡啶侧链—CH₂—,—CH₃伸缩振动	2 887
纯吡啶 C=C,C=N 伸缩振动	1 633,1 598
纯吡啶环 C—N 伸缩振动	1 355

表 3-4　　　　咪唑类离子液体处理煤中阳离子相关官能团吸收峰位置

官能团种类	咪唑类离子液体处理煤中官能团吸收位置/cm⁻¹						
	[Bmim]Cl	[Bmim]OTf	[Bmim]AC	[Emim]AC	[Amim]Cl	[HOEmim]BF₄	[AOEmim]BF₄
咪唑环 C—H	3 017.32	3 018.47	3 017.36	3 017.93	3 017.70	/	/
咪唑环取代基—CH₃	2 857.75	2 866.42	2 868.53	2 862.04	2 866.09	2 862.91	2 860.88
咪唑环取代基 —CH₂—	/	2 833.60	2 832.81	2 829.31	2 835.03	/	/
咪唑环 C=C,C=N	1 621.26	1 628.29	1 623.79	1 627.65	1 624.62	1 623.46	1 625.96
	1 575.68	1 573.86	1 575.08	1 574.61	1 582.15	1 572.74	1 562.09
咪唑环 C—N	1 300.69	1 310.54	1 300.11	1 306.75	1 320.77	1 291.91	/

表 3-5　　吡啶类离子液体处理煤中阳离子相关官能团吸收峰位置

官能团种类	吡啶类离子液体处理煤中官能团吸收峰位置/cm^{-1}	
	[Epy]Br	[Epy]BF$_4$
吡啶环 C—H	3 019.04	3 019.34
吡啶环取代基—CH$_3$	2 858.94	2 862.77
吡啶环取代基—CH$_2$—	/	2 831.32
吡啶环 C═C	1 622.03	1 626.47
吡啶环 C═N	1 489.58	1 483.47
吡啶环 C—N	1 375.28	1 375.15

原煤中未出现咪唑环 C—H，咪唑环取代基—CH$_2$—，咪唑、吡啶环上的 C═N 以及咪唑环 C—H 弯曲振动等吸收峰。吡啶离子液体处理煤中的 1 491～1 600 cm^{-1} 间的两组吸收峰为苯环和吡啶环骨架伸缩振动的混合峰，757～782 cm^{-1} 和 695～698 cm^{-1} 属于苯环和吡啶环上 C—H 键面外弯曲振动的混合峰。

咪唑环吸收峰的波数偏移主要是受咪唑环上取代链的影响。供电性烷烃取代链使得咪唑环电子云密度增加，振动力常数增加，其中的 C═N、C═C 向高波数偏移，咪唑杂环中 C—H、C—N 受双键共轭效应影响，振动向低波数偏移。而表 3-4 中的实测数据发现咪唑 C—N 伸缩振动峰从 1 326 cm^{-1} 偏移到 1 300，1 290 cm^{-1} 附近，向低波数偏移，而咪唑环 C═C、C═N 特征峰则是向高波数分别偏移到 1 622 cm^{-1} 和 1 575 cm^{-1} 附近。振动波数的偏移说明处理煤结构中存在取代咪唑类阳离子结构。咪唑环上电子云密度的增加使得咪唑环正性减弱，因此可以认为阳离子中的咪唑环参与反应的可能性较弱，主要是靠咪唑环的取代基与煤发生配合。

吡啶环上的氮原子的电负性较大，对环上电子云密度分布有很大影响，使 π 电子云向氮原子上偏移，在氮原子周围电子云密度高，而环的其他部分电子云密度降低，尤其是邻对位上降低显著。而[Epy]BF$_4$ 和[Epy]Br 阳离子上的取代基较少，诱导效应较弱，而吡啶环与乙基之间的共轭效应较强，因此吡啶环上的 C═N、C═C 的主要吸收峰应向低波数偏移，而吡啶环中 C—H 和 C—N 振动则应向高波数偏移。而实测表 3-5 显示[Epy]BF$_4$ 和[Epy]Br 处理煤中吡啶类官能团的峰位置，发现吡啶环上的 C═C、C═N 振动波数集中在 1 622 cm^{-1} 和 1 483 cm^{-1} 附近，向低波数偏移；吡啶环中 C—N 吸收峰在 1 375 cm^{-1} 附近，向高波数偏移。吡啶类离子液体处理煤中的吡啶环 C—N 键向高波数偏移和 C═C，C═N 键振动吸收峰向低波数偏移，说明处理煤结构中存在吡啶阳离子结构。吡啶类阳离子的正电性增强,反应性比咪唑类阳离子强。

特征官能团的波数偏移有效证明了离子液体处理煤中确实有取代咪唑类和取代吡啶类阳离子结构的存在。结合[AOEmim]BF$_4$处理煤中羧基的强光谱吸收度,充分说明了阳离子与煤形成了配合物而存留在未溶解的煤结构中。

3.4 本章小结

本章选择了[Bmim]Cl、[Bmim]OTf、[Amim]Cl、[Bmim]AC、[Emim]AC、[AOEmim]BF$_4$、[HOEmim]BF$_4$、[EPy]Br 和[EPy]BF$_4$九种离子液体分别对煤样进行处理,利用红外光谱仪测试原煤和处理煤中的官能团的吸收峰并进行分析,得出以下结论:

(1)九种离子液体都能部分溶解煤中的芳香结构、脂肪族链烃以及羟基、羧基等含氧官能团,其中[HOEmim]BF$_4$对煤中官能团的清除作用最好,其次是[EPy]BF$_4$和[Emim]AC;溶解力最差的是[Bmim]Cl 和[Epy]Br。结合官能团吸收峰峰面积,各离子液体对煤的溶解作用大小顺序为:[Bmim]Cl＜[Epy]Br＜[Bmim]AC＜[Bmim]OTf＜[Amim]Cl＜[AOEmim]BF$_4$＜[Emim]AC＜[Epy]BF$_4$＜[HOEmim]BF$_4$。阴离子为 BF$_4^-$的离子液体对煤的溶解效果最好。

(2)根据"溶剂化效应"和"笼子效应",建立了离子液体溶解煤的"瞬时配合物"模型,认为离子液体在溶解煤时,首先与煤形成配合物,若体系的电性不平衡,周围离子液体活性被激发,对参与形成配合物的阴阳离子产生较强的静电吸引力,使配合物脱离煤体而溶解于离子液体中;反之,若体系的电性中和,周围离子液体的活性无法被激发,则溶解停止,配合物存留在不溶煤之中。

(3)红外光谱数据分析发现:离子液体处理煤中出现了离子液体中阳离子咪唑环或吡啶环的相关特征吸收峰。结合[AOEmim]BF$_4$处理煤中羧基的高吸收峰强度,证实了离子液体在溶解煤中官能团的同时,阳离子与煤中羧基、羟基等负电性基团生成瞬时配合物而存留在煤结构中。

4 热分析实验研究离子液体
对煤氧化放热特性的影响

氧化放热是煤低温自燃的宏观现象之一。煤的热性质是判断煤氧化自燃倾向性的重要指标。通过分析热性质的差异可以反映原煤和离子液体处理煤结构及其反应性的差异。热分析（Thermal Analysis,TA）技术是在程序控制温度下,测量物质的质量随温度变化以及物质放热速率的一种技术,具有反应样品量少、定量性强、重复性好等特点,被广泛应用于煤的热解反应、煤氧反应热流变化、煤的热性质及煤工业分析等研究领域。

热分析法能够持续监测煤的失重率和放热速率的变化直至煤完全燃烧。目前,实验室广泛采用差示扫描量热仪对小剂量煤受热分解过程中的质量损失及热量释放情况进行检测,并绘制煤的燃烧特性曲线。热失重 TG 曲线能反映煤样随温度变化的质量变化规律,对 TG 曲线进行微分可以得到失重速率曲线（DTG 曲线）,即瞬时失重速率。这两条曲线反映了煤样的氧化热解反应状况,曲线的变化过程也是整个反应过程的外在表现,对曲线的分析可以间接获得煤样的自燃特性[93-94]。

目前对煤自燃热重分析结果可以归纳为三个温度区间[93]:

（1）0～100 ℃之间的失重主要是因为煤样中的水分蒸发、原生气体的释放以及活性较高的桥键和侧链氧化所致;

（2）100～200 ℃时脱羧反应导致煤失重,主要发生非共价键结合分子的断裂、挥发和迁移,小分子渐渐脱离大分子主体结构;

（3）在 200～400 ℃之间煤达到着火点,其中的稠环芳烃主体分子结构发生解聚和分解,生成并排出大量煤气、焦油等挥发物。

4.1 原煤和离子液体处理煤的热分析实验

4.1.1 实验条件

采用德国 NETZSCH 耐驰公司的 STA449C 同步热分析仪对原煤和离子液体处理煤进行热分析实验,实验设备如图 4-1 所示。该同步热分析仪将热重

（TG）分析与差示扫描量热（DSC）分析结为一体，在同一次测量中利用同一样品可同步得到热重与差热信息。实验条件：煤样粒度 0.1～0.15 mm，煤样质量 2.5 mg，所有实验样品均在样本室内静放 5 min 后，采用非等温动态热重法进行实验。在样本室内通入含氧浓度为 21% 的氮氧混合物，通气量为 250 mL/min，升温速率为 10 ℃/min。温升范围由室温 20 ℃ 至 850 ℃。

图 4-1　耐驰 STA449C 同步热分析仪

4.1.2　实验结果

对原煤和九种离子液体处理煤的氧化放热参数进行测试，得到如图 4-2 至图 4-11 所示的原煤和离子液体处理煤在 20～400 ℃ 温度段的 TG-DTG-DSC 曲线。

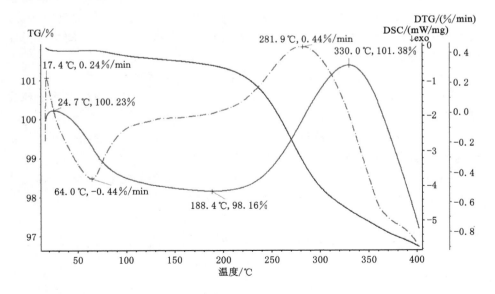

图 4-2　原煤样的 TG-DTG-DSC 曲线图

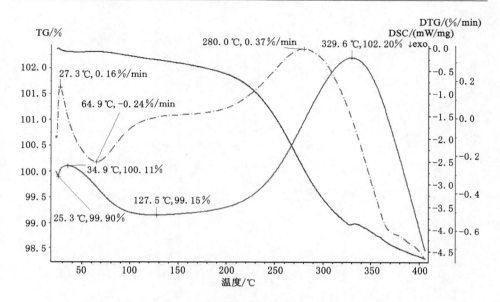

图 4-3 ［Bmim］Cl 离子液体处理煤的 TG-DTG-DSC 曲线与极值

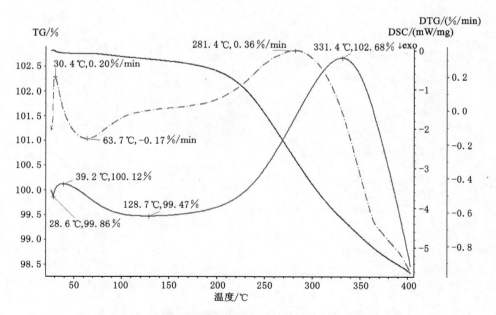

图 4-4 ［Bmim］OTf 离子液体处理煤的 TG-DTG-DSC 曲线与极值

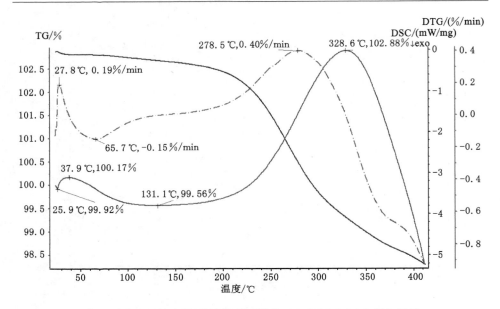

图 4-5　[Bmim]AC 离子液体处理煤的 TG-DTG-DSC 曲线与极值

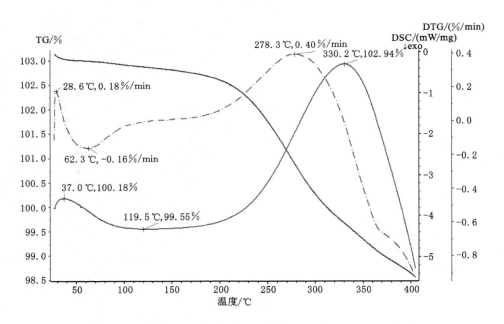

图 4-6　[Emim]AC 离子液体处理煤的 TG-DTG-DSC 曲线与极值

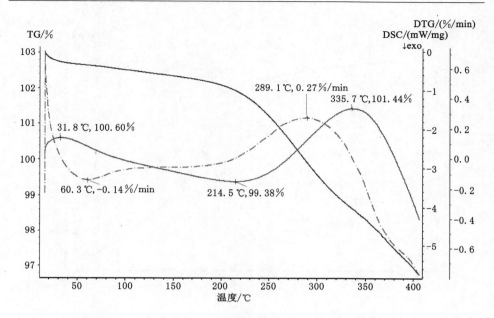

图 4-7　［AOEmim］BF₄离子液体处理煤的 TG-DTG-DSC 曲线与极值

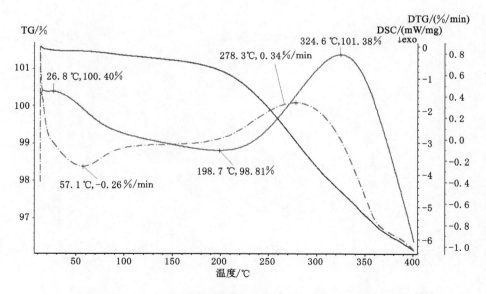

图 4-8　［Amim］Cl 离子液体处理煤的 TG-DTG-DSC 曲线与极值

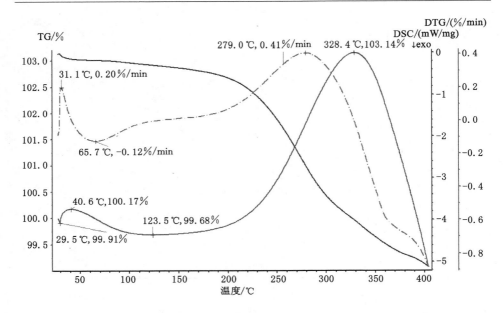

图 4-9　［HOEmim］BF₄离子液体处理煤的 TG-DTG-DSC 曲线与极值

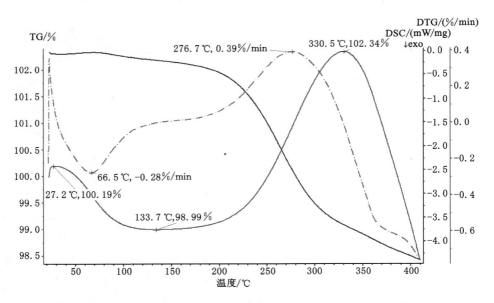

图 4-10　［EPy］Br 离子液体处理煤的 TG-DTG-DSC 曲线与极值

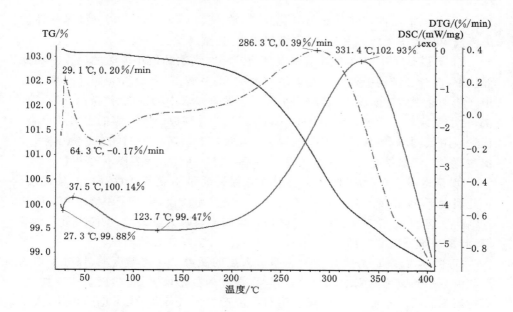

图 4-11　［EPy］BF₄ 离子液体处理煤的 TG-DTG-DSC 曲线与极值

4.2　原煤与离子液体处理煤氧化放热过程分析

4.2.1　原煤与离子液体处理煤的质量变化及特征温度分析

（1）特征温度

根据煤热重实验的 TG-DTG 曲线，可分析煤氧化放热过程中的特征温度点：高位吸附温度 T_1、临界温度 T_2、干裂温度 T_3、活性温度 T_4、增速温度 T_5 和着火温度 T_6[93]：

① 高位吸附温度 T_1 是煤样 TG 曲线上的初始增重温度。煤样增重的原因是由于煤在低温氧化初期以物理吸附为主，化学吸附和化学反应较慢，基本没有化学反应气体产物产生。煤样的物理吸附氧量大于脱附气体量，直至煤的物理吸附达到平衡。煤物理吸附氧量与煤的孔隙率大小和活性位多少有关，从 T_1 对应的增重比可以看出煤物理吸附氧的能力。

② 临界温度 T_2 是煤样 DTG 曲线上的第一个失重速率最大点温度，也是煤温上升过程中引起煤氧复合加速的第一个温度点。此时煤微孔隙中吸附的 CO_2、CH_4、N_2 等原生气体解吸，同时煤氧的化学反应速度加快，消耗吸附在煤体中的氧气，耗氧速率增大。煤分子中部分活性较高的化学交联键和桥键发生断

裂,产生较多的活性基团并参与氧化反应,放出 CO、CO_2 等气体。此时,气体的解吸逸出量大于吸附氧气量,煤重快速减小,失重速率达到极大值。

③ 干裂温度 T_3 为煤样在着火温度前 TG 曲线达到最小值时的温度。在此温度下,煤分子结构中稠环芳香体系的桥键、烷基侧链、含氧官能团及一些小分子开始加速裂解或解聚,并释放出小分子挥发物。煤中的桥键、侧链氧化速度加快,化学反应速率增加,产生 C_2H_4、C_2H_6 等气体并释放。同时煤的吸氧性增强,化学吸附量剧增,质量损失速率减缓。氧化反应和裂解产生的气态产物脱附、逸出的速度与煤氧结合速度基本相等,呈一种动态平衡,此后煤样不再失重。

④ 活性温度 T_4 为煤样从干裂温度点保持质量不变到增重开始点的温度。在此温度下,煤中带有环状结构的大分子断键开始加快,煤分子中吸氧性强的活性结构快速增加,煤对氧的吸附量剧增。煤表面吸附大量氧气,煤样失重速率减缓,质量开始再次增加,失重速率减小为零。至此,煤样开始增重。

⑤ 增速温度 T_5 为煤样增重速率最大点的温度。在此温度下,煤分子中的环状大分子断裂速度剧增,活性结构暴露在外的数量增多,化学反应速度加快,煤对氧气的吸附量加大,大于煤脱附和反应产生的气体量,煤重迅速增加,失重急剧减小甚至变为正值。

⑥ 着火温度 T_6 对应煤样质量比极大值点的温度。由于温度升高使煤体表面活性结构数量剧增,原来在较低温度下并不参与煤氧化反应的结构如稠环芳烃结构也开始参与反应,煤中的活性结构数量和对氧的吸附量达到极大值,使得煤样增重达到最大。此后,煤体稠环芳香核全面裂解,放出大量热量,液态挥发物煤焦油大量排出,并伴有大量 CO、CO_2 和烃类气体释放,煤体质量开始急剧下降,预示着挥发物开始燃烧,达到了煤样的起始燃烧温度。

由此可见,煤在活性温度之前主要发生氧化反应的是交联键、桥键和侧链,活性温度之后杂环开始断键氧化,达到着火点后芳香环参与氧化反应。

从图 4-2 至图 4-11 对 TG 和 DTG 曲线拐点的标识,得到表 4-1 所示所有煤样在热重实验中的特征温度。

表 4-1 原煤与离子液体处理煤的特征温度

实验样品	特征温度/℃					
	高位吸附温度 T_1	临界温度 T_2	干裂温度 T_3	活性温度 T_4	增速温度 T_5	着火温度 T_6
原煤	24.7	64	/	188.4	281.9	330.0
[HOEmim]BF_4 处理煤	40.6	65.7	123.5	/	279.0	328.4

实验样品	特征温度/℃					
	高位吸附温度 T_1	临界温度 T_2	干裂温度 T_3	活性温度 T_4	增速温度 T_5	着火温度 T_6
［AOEmim］BF_4 处理煤	31.8	64.9	/	214.5	289.1	335.7
［Bmim］OTf 处理煤	39.2	63.7	128.2	/	281.4	331.4
［Amim］Cl 处理煤	26.8	57.1	/	198.7	278.3	324.6
［Emim］AC 处理煤	37	62.3	119.5	/	278.3	330.2
［Bmim］AC 处理煤	37.9	64.2	131.1	/	278.7	328.6
［Bmim］Cl 处理煤	34.9	60.3	127.5	/	280	329.6
［EPy］BF_4 处理煤	37.5	64.3	123.7	/	286.3	331.4
［EPy］Br 处理煤	27.2	67.7	133.7	/	277.7	330.5

　　由表 4-1 中数据可见,离子液体处理煤基本上仍保持了与原煤相近的燃烧特性温度。各煤样特征温度点差距较小,这主要是因为不同温度阶段发生氧化燃烧的官能团不同,而离子液体并未改变煤中官能团种类,因此各阶段的活化官能团还是在各自特定的温度发生反应。

　　所有离子液体处理煤的初始增重温度都高于原煤,说明离子液体处理煤的物理吸附氧能力不同程度的降低。其中,［HOEmim］BF_4 处理煤的初始增重温度为 40.6 ℃,增重最晚,说明该离子液体处理煤的吸氧能力很差,需要较高的温度来激发煤表面吸附活性位;［Amim］Cl、［EPy］Br 和［AOEmim］BF_4 处理煤的初始增重温度分别为 26.8 ℃、27.2 ℃ 和 31.8 ℃,增重较早,说明这三种离子液体处理煤表面活性位多,较易吸附氧;所有离子液体处理煤的临界温度基本相近,其中［Amim］Cl 处理煤的临界温度最低,说明其氧化反应最快。

　　所有煤样都没有共同出现干裂温度和活性温度。原煤和［AOEmim］BF_4、［Amim］Cl 离子液体处理煤都没有干裂温度,只有活性温度,失重段较长,说明这三种煤样中的高活性基团种类和含量较多。而其余离子液体处理煤都没有出现明显的活性温度,但有干裂温度,说明这些离子液体处理煤中的高活性结构较少,在低温氧化段的失重过程较短。

所有离子液体处理煤与原煤在高温阶段的反应特征非常相似,高温增速温度都在 280 ℃附近,着火点温度都在 330 ℃左右。

为方便分析,根据所有煤样的特征温度,以 200 ℃为界,200 ℃之前分为低温初始增重阶段和低温氧化失重阶段,200 ℃后分为高温吸氧增重阶段和高温氧化分解失重阶段。

(2)失重分析

图 4-12 的 TG 曲线反映了煤氧化升温过程中煤重的变化情况。在失重阶段,测得质量比越大,说明剩余质量较多,反应消耗得越少;在增重阶段,测得质量比越大,说明增重越多。原煤和处理煤在氧化初期出现不同程度的增重现象,这是煤物理吸附氧造成的。增重大说明煤孔隙率高,吸附活性位较多,物理吸附氧量较多,增重小则说明煤孔隙率低,吸附活性位较少,物理吸附氧量较少。实验测得原煤在 24.7 ℃增重 0.23%;[Amim]Cl 处理煤在 26.8 ℃增重达到0.4%,[AOEmim]BF$_4$处理煤在 31.8 ℃时增重 0.6%,其余处理煤增重都比原煤少,这可能是因为[AOEmim]BF$_4$和[Amim]Cl 对原煤的溶胀作用明显,煤网络结构中的游离态小分子脱离大分子结构,使得煤中孔隙尺寸增加、数量增多,从而吸附气体量也增加。其余离子液体处理煤不仅高位吸附温度比原煤高,而且吸附增重量也很低,说明这些离子液体处理煤孔隙率很低,表面吸附活性位较少,导致煤物理吸附氧的能力较

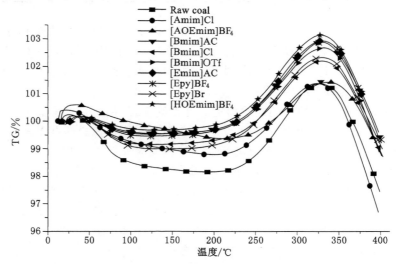

图 4-12　原煤与九种离子液体处理煤的 TG 曲线

低。至于产生这种现象的原因,还需进一步考察分析。

所有样品在 200 ℃附近都开始明显增重,该温度可视为所有煤样的活性温度。在临界温度到活性温度段是煤中易氧化的侧链和桥键断裂氧化加速,生成 CO_2、CO 等气体产物的阶段,该阶段所有离子液体处理煤失重比都低于原煤。[HOEmim]BF_4、[EPy]BF_4、[Bmim]AC、[Emim]AC 和[Bmim]OTf 离子液体处理煤的失重较少且随温度变化非常平缓,说明这些离子液体对煤的溶解效果较好,不但释放了原生气体,还溶解了大部分的侧链和小分子等活性结构,导致低温氧化阶段时失重较少,其中[HOEmim]BF_4 处理煤失重比最少;[EPy]Br、[Bmim]Cl、[AOEmim]BF_4 和[Amim]Cl 处理煤失重比较大,其中[AOEmim]BF_4 和[Amim]Cl 处理煤的失重比最为明显。[AOEmim]BF_4 和[Amim]Cl 对煤主要表现为溶胀作用,使得煤结构疏松,反应时氧气较易进入,煤氧接触面积大,因此反应更快,失重比较大;而[EPy]Br、[Bmim]Cl 对煤的溶胀和溶解效果都不佳,处理煤中残留大量活性结构和原生气体,因此在低温氧化阶段失重比也很大。离子液体处理煤失重较少,一方面由于离子液体在预处理煤的过程中,溶胀作用使得煤体积增加,煤体中的原生气体提前逸出,使得在失重阶段由于气体释放导致的失重较少;另一方面在于离子液体溶胀溶解煤的过程中,大部分活性结构溶解于离子液体,经蒸馏水清洗,随水流失,使得处理煤中能够发生氧化反应的结构变少,反应释放的气体量也减少,因此失重少。

活性温度之后,煤中带有环状结构的大分子断键速度开始加快,煤分子中吸氧性强的活性结构加快产生,因此煤对氧的需求量剧增,而前期失重阶段已经消耗了煤中吸附的氧,导致煤快速吸氧,煤样开始增重。

从表 4-2 所示的样品 TG 曲线上的最高增重比 G_h 与最低失重比 G_l 的差值来看,[HOEmim]BF_4、[EPy]BF_4、[Emim]AC 离子液体处理煤在该阶段的吸附氧气量较多,说明这些处理煤中残留的环状结构多,导致该阶段需氧量急剧增加,结合这些处理煤低温失重较少的表现,可以推断这些离子液体溶解了煤中大部分的高活性基团如桥键、烷基侧链、含氧官能团及一些小分子结构;另一方面这些离子液体在溶解煤过程中,与煤发生键合作用而成为煤中组分存留在煤结构中,其中含有芳香性的咪唑环或吡啶环,而这些杂环基团的活性较低,需要在较高温度下才能被活化,因此在活性温度之前反应物质消耗较少,而活性温度之后由于芳香环的氧化分解,使得反应加速,吸附氧量增加。[AOEmim]BF_4 和[Amim]Cl 处理煤的增重最少,且在活性温度之后对氧的吸附量较少,可以推断[AOEmim]BF_4 和[Amim]Cl 处理煤中的杂环状结构较少,而且前期的快速反应破坏了煤的微孔隙结构,从而导致吸氧能力大大降低。

表 4-2   所有煤样的最高增重比 G_h 与最低失重比 G_l 的差值

样品	$G_l/\%$	$G_h/\%$	质量差 $\Delta G/\%$	样品	$G_l/\%$	$G_h/\%$	质量差 $\Delta G/\%$
原煤	98.16	101.38	3.22	[Amim]Cl 处理煤	98.81	101.38	2.57
[Bmim]Cl 处理煤	99.15	102.20	3.05	[AOEmim]BF₄ 处理煤	99.38	101.44	2.06
[Bmim]OTf 处理煤	99.47	102.68	3.21	[HOEmim]BF₄ 处理煤	99.68	103.14	3.46
[Bmim]AC 处理煤	99.56	102.88	3.32	[EPy]Br 处理煤	98.99	102.34	3.35
[Emim]AC 处理煤	99.55	102.94	3.39	[EPy]BF₄ 处理煤	99.47	102.93	3.46

  燃点之后,煤中的芳香主体结构发生解聚和分解,生成和排出大量的挥发物,增重逐渐减缓直至平衡后又急剧失重。除[Amim]Cl 处理煤失重比原煤多之外,其余离子液体处理煤的失重都比原煤少,说明[Amim]Cl 处理煤中的芳环比重比原煤中的芳环比重还大,导致其着火燃烧后消耗的质量比快速增加。尽管如此,大部分离子液体处理煤在着火点之后的质量消耗都少于原煤,这是离子液体对煤芳香结构优良的溶解能力造成的。

  比较原煤与离子液体处理煤的失重速率 DTG 曲线(图 4-13)可以看出:

  ① 在室温至 100 ℃的低温段,原煤的失重速率最快,在 65 ℃时达到极大值,100 ℃之后失重速率逐渐降低,但大部分离子液体处理煤的失重速率都比原煤失重速率慢。

  ② 活化温度 200 ℃之后是煤样开始缓慢增重的阶段,该阶段原煤的增重速率逐渐加快,在接近燃点时增重速率达到最高,说明原煤在该阶段急需氧,因此吸氧增重速率最快。

  ③ 燃点之后是煤体稠环芳烃裂解释放挥发分的阶段,[Amim]Cl 处理煤的失重速率最快,说明其中的芳环结构较多,包括煤中芳环及阳离子芳香性的咪唑环。

  综合 TG-DTG 变化图,发现[EPy]Br、[Bmim]Cl、[AOEmim]BF₄ 和[Amim]Cl 的处理煤中高活性结构比重较大,因此氧化反应集中在低温段,但与原煤相比,反应速率还是有所降低。

  总体来看,在低温氧化阶段,随温度升高,离子液体处理煤的失重比原煤少,失重速率变化趋势比原煤平缓,说明离子液体处理煤中的高活性结构比原煤少,对氧的需求量也降低,因此可以认为离子液体对煤的低温阶段氧化反应过程能够起到一定的抑制作用。超过活性温度后,由于离子液体处理煤中芳环结构比重较大,因而反应速率也比较快。

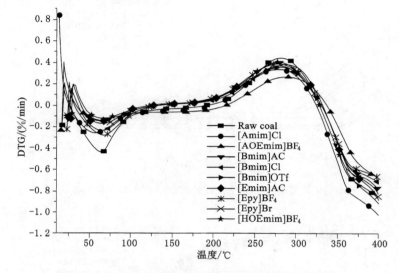

图 4-13　原煤与离子液体处理煤 DTG 曲线

（3）残留灰分

在热重实验中,煤中的有机成分燃烧殆尽,残留下的灰分是煤中黏土、石膏、碳酸盐、黄铁矿等矿物质在燃烧过程中发生分解和化合（一部分变成气体逸出）之后留下的残渣。从残留的灰分质量（图 4-14）来看,所有离子液体处理煤中的灰分都比原煤少,其中［Amim］Cl 处理煤的残留灰分最少。推测可能原因是离子液体能够部分去除煤中的矿物质,尤其是金属阳离子。离子液体的有机阳离子能够取代煤中残留的金属阳离子成为煤中组分之一,而离子液体的阴离子则与金属阳离子形成螯合物,使得金属阳离子脱离煤体,从而导致最终残留灰分减少。

4.2.2　原煤与离子液体处理煤的放热速率分析

煤样的 DSC 曲线表示煤样单位时间的绝对放热量。煤氧化放热效应主要受煤分子结构、温度、氧浓度和煤粉粒度影响。而在本实验中,氧浓度、煤粉粒度、温度条件都相同,煤的氧化放热效应只与煤的分子结构有关,因此比较离子液体处理煤和原煤样的 DSC 曲线,可间接反映出不同离子液体对煤分子结构反应活性的影响。所有煤样的 DSC 曲线如图 4-15 所示。

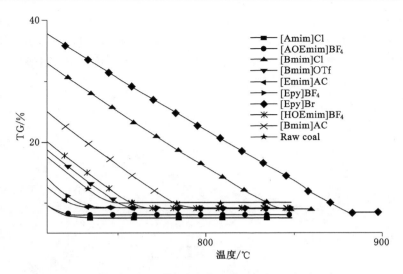

图 4-14　原煤与各种离子液体处理煤热重实验灰分质量比

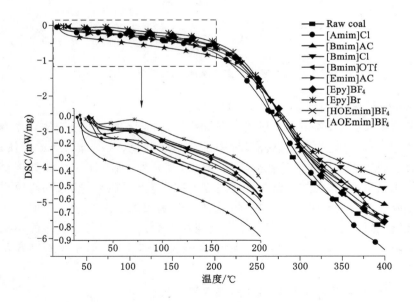

图 4-15　原煤与离子液体处理煤的放热速率 DSC 曲线图

　　从图中可以看出,在氧化气氛中,煤样的放热速率在低温氧化阶段逐渐缓慢增加,到 200 ℃左右时放热速率开始迅速加快。而不同离子液体处理煤的放热速率与原煤相比却有不同的表现。

（1）原煤在 80 ℃ 左右出现放热速率减慢的波动情况，这是因为该温度段煤氧复合反应速度加快，耗氧速率增大，产生大量 CO、CO_2 等气体产物，这些气体的释放带走了较多热量导致测出的热量减少；而离子液体处理煤中除［EPy］Br 和［Bmim］Cl 处理煤外，其余处理煤几乎均未出现这样的波动，说明［EPy］Br 和［Bmim］Cl 处理煤中有较多交联键和桥键，而其余离子液体都已不同程度地将煤中大部分的能够在低温发生活化反应的交联键、缔合结构和小分子破坏或溶解，从而使得产物气体减少，因此在 80 ℃ 左右测得的放热速率不会出现明显减慢情况。

（2）200 ℃ 之前的低温阶段，［AOEmim］BF_4，［Emim］AC 和［Amim］Cl 处理煤的放热速率明显比原煤放热速率高；100 ℃ 之前，［HOEmim］BF_4 处理煤的放热速率曾一度超过原煤，100 ℃ 后则逐渐减慢且比原煤放热速率慢；初期［Emim］AC 处理煤的放热速率也较快，100 ℃ 后速率增加幅度逐渐减缓，但放热速率仍比原煤快；［Epy］Br、［Bmim］OTf、［Bmim］Cl、［Epy］BF_4 和［Bmim］AC 处理煤的放热速率较原煤慢，其中［Epy］Br 处理煤的放热速率一直保持最低。在低温阶段，某些溶胀溶解效果好的离子液体（如［AOEmim］BF_4、［Amim］Cl）处理煤放热速率较快，一方面由于在离子液体预处理后，煤的大分子交联结构被破坏，结构疏松，使得氧在煤体中的输运通畅，导致反应速率增加；另一方面煤大分子之间的交联键断裂，释放出包裹在大分子网络结构中的小分子化合物，这些小分子有机化合物中的活性结构被释放而提前参与低温段的煤氧复合反应，导致这两种离子液体处理煤在氧化早期的放热能力较强。

（3）超过 200 ℃ 之后，放热速率取决于煤体内的芳环结构数量，若芳环结构少则放热减少，若芳环多，则放热增加。原煤放热速率逐渐加快，除［Amim］Cl 外，其余离子液体处理煤的放热速率都比原煤慢。［Amim］Cl 处理煤的放热速率在 200～400 ℃ 的高温段与原煤不相上下，在所有处理煤中放热速率最快，可见在所有离子液体处理煤中，［Amim］Cl 中的低活性结构较多，进一步证实了［Amim］Cl 对煤的溶解效果一般，而溶胀效果好，使得处理煤的结构疏松，与氧的接触面增大，反应活性位多，从而测得的放热速率较快。

（4）在 260 ℃ 附近是煤样中环状结构大分子断键的关键阶段，煤体需要吸附大量氧气，此时放热量的测量受到大分子结构活化、前期中间产物分解放热和大量挥发分逸出的影响，导致不同煤样的放热速率出现不同程度的复杂变化，其中［AOEmim］BF_4 和［HOEmim］BF_4 处理煤放热速率由快到慢的变化幅度表现最为明显。

综上所述，经不同离子液体处理后，煤的放热速率变化趋势有较大差别。在低温段，有的处理煤的放热速率较慢，有的处理煤放热速率却较快。高温阶段的放热速率曲线显示,离子液体处理煤的放热速率都不同程度加快,但大多数处理煤的放热速率都明显比原煤慢。

4.2.3 离子液体影响煤氧化反应活化能的分析

煤氧化的活化能反映了煤氧化反应对温度的敏感性以及氧化反应与温度之间的关系。利用 Arrhenius 公式计算的活化能可以看成是煤中不同官能团在各自对应的活化温度时,克服各自的能垒成为活化分子的多种基元反应所需能量的综合。在煤升温氧化过程中,不同温度对应的活化基团种类和数量都不尽相同,在指前因子相似的情况下,活化能是随温度变化的。

煤放热量的变化与温度有关,即 $dQ/dt = \Delta H \cdot Ae^{-\frac{E}{RT}}$,其中,dQ/dt 为氧化放热速率,mW/mg;t 为时间,s;T 为温度,℃;A 为指前因子;E 为活化能,kJ/mol;气体常数 $R = 8.314$ J/(mol·K);ΔH 为煤的平均氧化发热量,kJ/kg,这里假设所有煤样的 ΔH 为同一常数。

同步热分析仪在程序升温的基础上测出了原煤和离子液体处理煤的放热速率 DSC 曲线值,对应 dQ/dt。因此,对上述公式两边取对数可得:$\ln(dQ/dt) = \ln \Delta H + \ln A - E/RT$。设 $y = \ln(dQ/dt)$,$x = 1/T$,线性拟合 $y-x$,得到截距 γ 和斜率 $\mu = -E/R$,据此计算平均活化能 $E = -\mu R$,指前因子 $A = e^{\gamma}/(\Delta H)$ [94]。计算所有煤样的平均活化能列于表 4-3 中。

表 4-3   **各煤样低温氧化放热的活化能**

样品	活化能/(kJ/mol)	样品	活化能/(kJ/mol)
原煤	12.81	[Emim]AC 处理煤	10.98
[Bmim]Cl 处理煤	15.56	[AOEmim]BF₄ 处理煤	7.60
[Bmim]OTf 处理煤	18.80	[HOEmim]BF₄ 处理煤	13.12
[Bmim]AC 处理煤	13.58	[EPy]Br 处理煤	15.70
[Amim]Cl 处理煤	10.62	[EPy]BF₄ 处理煤	17.29

将所求 A 代入 $dQ/dt = \Delta H \cdot Ae^{-\frac{E}{RT}}$,即可得到活化能随温度升高的变化曲线。

表 4-3 所列为原煤和离子液体处理煤在 27～150 ℃低温氧化过程的平均活化能,发现活化能值普遍较小。这是因为实验所用煤粉粒度极小,煤氧接触面积很大,化学反应速率较高。而且,由于热分析实验升温速率较快,实验所测结果与实际相差很大 [94],但是小剂量煤样的热分析数据同样能够作为判断离子液体对煤化学反应动力影响的参考。

　　〔AOEmim〕BF₄、〔Amim〕Cl 和〔Emim〕AC 离子液体处理煤的平均活化能低于原煤，其他离子液体处理煤的平均活化能均高于原煤。由此可见，〔AOEmim〕BF₄、〔Amim〕Cl、〔Emim〕AC 三种离子液体处理煤在低温段的化学反应速率比原煤快。

　　图 4-16 至图 4-25 所示为所有煤样在氧化放热过程中的活化能随温度的变化曲线。结果显示：几乎所有煤样的活化能都从 40 ℃开始逐渐增加。〔Epy〕Br、〔Bmim〕Cl、〔Bmim〕OTf 和〔Bmim〕AC 处理煤的活化能随温度的变化趋势与原煤相近，在 60～80 ℃温度段突然大幅增加后又急剧减小；其余离子液体处理煤活化能的变化都较为平缓，在 60～80 ℃之间活化能的波动幅度非常小，整体呈小幅度增加趋势。

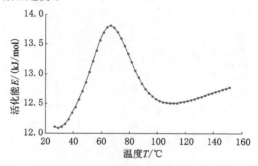

图 4-16　原煤活化能随温度变化曲线

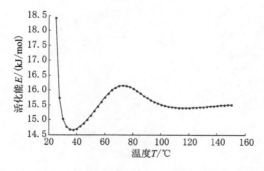

图 4-17　〔Bmim〕Cl 处理煤活化能随温度变化曲线

　　由此可见：温度的升高对〔Epy〕Br、〔Bmim〕Cl、〔Bmim〕OTf 和〔Bmim〕AC 处理煤的活化能影响很大，而对〔HOEmim〕BF₄、〔Epy〕BF₄、〔Emim〕AC、〔Amim〕Cl 和〔AOEmim〕BF₄ 离子液体处理煤的活化能影响很小，说明〔HOEmim〕BF₄、〔Epy〕BF₄、〔Emim〕AC、〔Amim〕Cl 和〔AOEmim〕BF₄ 离子液

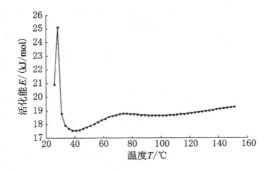

图 4-18　[Bmim]OTf 处理煤活化能随温度变化曲线

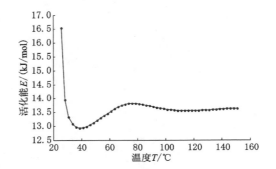

图 4-19　[Bmim]AC 处理煤活化能随温度变化曲线

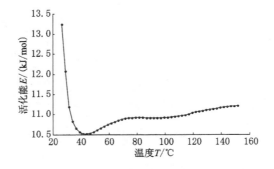

图 4-20　[Emim]AC 处理煤活化能随温度变化曲线

体处理煤结构的低温活化对实验温度的升高并不敏感,表明这些离子液体能够降低煤活化过程对温度的敏感性。但是,[AOEmim]BF₄、[Amim]Cl、[Emim]AC三种离子液体处理煤在低温段的化学反应速率比原煤快,因而这三种离子液体不适合用来抑制煤氧化反应。

　　从化学动力学角度分析离子液体对煤氧化反应的影响,结果显示

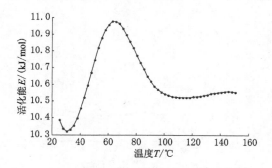

图 4-21　〔Amim〕Cl 处理煤活化能随温度变化曲线

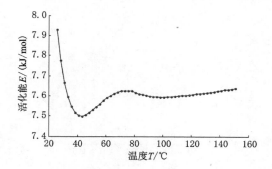

图 4-22　〔AOEmim〕BF$_4$ 处理煤活化能随温度变化曲线

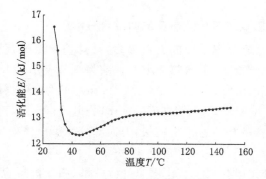

图 4-23　〔HOEmim〕BF$_4$ 处理煤活化能随温度变化曲线

〔HOEmim〕BF$_4$、〔Epy〕BF$_4$ 离子液体处理煤反应速率低于原煤，而且这两种离子液体使得煤中官能团在热量不断积聚的情况下，活化过程变得迟钝，因而对煤的氧化反应动力起到一定的抑制作用。

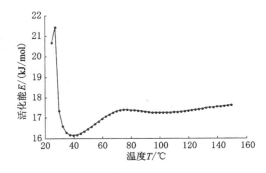

图 4-24　[Epy]BF$_4$处理煤活化能随温度变化曲线

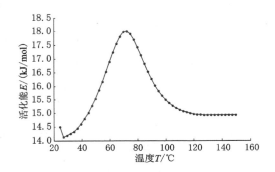

图 4-25　[Epy]Br 处理煤活化能随温度变化曲线

4.2.4　离子液体影响煤氧化放热反应的综合分析

综合来看,原煤在低温阶段的失重最多,放热速率由慢逐渐变快,而离子液体处理煤的失重比原煤少,但放热速率有快有慢,[Epy]Br 和[Bmim]Cl 处理煤放热速率很慢,[Epy]BF$_4$、[Bmim]AC 和[Bmim]OTf 处理煤的放热速率较慢,而[AOEmim]BF$_4$、[Amim]Cl、[HOEmim]BF$_4$ 和[Emim]AC 处理煤放热较快。高温阶段,所有煤样的放热速率都较快,但大部分离子液体处理煤的放热速率都比原煤慢。

结合离子液体处理煤的 FTIR 谱图分析结果、热分析实验结果和"瞬时配合物"模型,得到如图 4-26 所示的离子液体溶解溶胀煤的三种情况示意图,详细表述如下:

(1)[Bmim]Cl、[Epy]Br、[Bmim]AC 和[Bmim]OTf 清除煤中官能团的能力较差。其中,[Bmim]Cl 和[Epy]Br 离子液体对煤的溶胀度小,两种处理煤的失重曲线和放热曲线趋势相近,但低温阶段的放热速率却较低。这是因为这两种离子液体处理煤中残留有大量的缔合结构,在低温阶段解缔合吸热造成放热

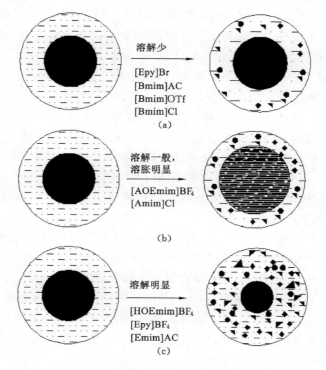

图 4-26 离子液体溶解溶胀煤的三种情况

减少;另一个重要原因是[Bmim]Cl、[Epy]Br、[Bmim]AC 和[Bmim]OTf 离子液体溶解煤的能力小,以形成离子液体-煤瞬时配合物为主,导致这些离子液体处理煤中稳定杂环和芳环比重较大,因此低温阶段放热速率较慢。

(2)[AOEmim]BF$_4$ 和[Amim]Cl 离子液体对煤结构的溶解力一般,但是对煤有明显的溶胀作用,能够增加煤的孔隙尺寸及孔隙数量,使得煤氧接触面增大,导致煤的初始吸附氧量较多。而且,溶胀作用破坏了煤大分子网络结构,大大降低了煤的交联度,使得小分子结构暴露在外,导致煤在低温段快速放热。[AOEmim]BF$_4$ 和[Amim]Cl 对煤具有优良的溶胀作用,处理煤中的高活性基团种类和含量较多,因此低温失重较多而且失重段较长。溶胀作用能够疏松煤的主体结构,提高了氧的输运量,部分小分子相与煤主体结构分离,成为低温氧化的重要反应物,以致在低温时这两种离子液体处理煤的失重和放热速率都较高。另外,溶胀作用使得处理煤结构疏松,热量散发快,这也是测得的低温段放热速率较高的原因之一。

(3)[HOEmim]BF$_4$、[Epy]BF$_4$ 和[Emim]AC 离子液体对煤中的芳烃、脂

肪烃类桥键、侧链及小分子结构都有较好的溶解作用,因此处理煤的低温失重段较短而且失重比较小。尽管如此,三种离子液体处理煤的放热速率表现不一,这与离子液体的结构关系密切。由于[HOEmim]BF$_4$和[Emim]AC与煤形成瞬时配合物时引入了易氧化的羟基和羰基,而相比较之下,[Epy]BF$_4$与煤形成配合物后引入的易氧化活性结构最少,因此[HOEmim]BF$_4$和[Emim]AC离子液体处理煤在低温时放热速率较快,而[Epy]BF$_4$处理煤则相对较慢。

由于离子液体咪唑或吡啶环的引入,离子液体处理煤中残留有比重较大的低活性芳环结构。在高温阶段,处理煤在高温吸氧段吸附大量氧气,放热速率也没有明显降低,仍然表现出较好的燃烧能力。

离子液体处理煤在室温至着火点之间的整体失重较少,而放热速率却未因此降低,归纳起来主要有两点原因:

(1)尽管离子液体使得煤中的原生气体早期释放,且溶解了活性侧链,但同时也减少了煤小分子同大分子网络结构之间的缔合键,从而使得孔隙疏通,提高了氧的传递效率,使得羟基、羰基等含氧官能团早期能够迅速氧化;另外,疏松的煤体结构也有利于热量的散发,因此测得的放热速率没有明显降低。

(2)离子液体在溶解煤部分结构的同时,引入了离子液体本身的具有一定芳香性的咪唑环和吡啶环,若这些引入结构取代基中含有易氧化基团,也将增加离子液体处理煤的氧化放热速率。

抑制煤自燃的关键在于控制煤的低温氧化进程。虽然部分离子液体处理煤在低温阶段时的放热速率较快,但大部分离子液体处理煤放热都比原煤慢,而且离子液体处理煤中能够在低温阶段发生反应的活性基团比原煤少,芳环比重较大,这样从煤的自燃本质上削弱了煤的低温氧化性能。另外,从离子液体处理煤的反应活化能随温度的变化趋势来看,部分离子液体还能降低煤官能团活化对温度的敏感度。其中,[HOEmim]BF$_4$、[Epy]BF$_4$离子液体不但能够降低煤反应速率,而且使得煤中官能团的活化过程变得迟钝,因而对煤的氧化反应动力起到一定的抑制作用。

综合所有离子液体处理煤 FTIR 和 TG-DSC 实验结果,根据所构建的离子液体溶解煤模型,适合用来抑制煤自燃的离子液体结构有以下特征:

(1)阳离子取代链较短,可以减少与煤键合后引入煤中的脂肪烃结构;

(2)阴离子体积较大,负电荷分布较为分散,与阳离子之间的作用力较弱,离子的活性较高;

(3)阴阳离子结构最好不含氧原子,防止离子液体与煤键合后使得煤中的含氧官能团增加,加剧煤的氧化放热。

由此可见,[Epy]BF$_4$是九种离子液体中最适合用来抑制煤自燃的离子液体,主要原因是[Epy]BF₄溶解煤效果很好,能够降低煤氧化反应速率;而且阳离子脂肪侧链较短,与煤形成配合物后,引入煤中的脂肪烃结构较少;阴离子BF₄⁻中的F原子比氧原子的电负性高,能够与氧争夺自由基,从而阻断煤的自由基链式反应。

4.3　本章小结

本章利用热分析仪对原煤和处理煤的质量变化及放热规律进行测定和分析,结果发现:

(1)从残留灰分来看,离子液体处理煤的最终残留灰分都比原煤的灰分少,这也证明了离子液体的有机阳离子能够取代煤中 Ca^{2+}、Mg^{2+} 等金属阳离子,从而减少煤中矿物质。

(2)[AOEmim]BF₄、[Amim]Cl 对煤具有优良溶胀作用,但不能有效溶解煤中的易活化结构,同时部分小分子结构与离子液体作用后与煤主体结构分离,成为低温氧化的反应物;另外,溶胀作用能够疏松煤的主体结构,提高氧的传输效率,也增加了散热能力,以致在低温时的放热速率较高。

(3)[HOEmim]BF₄、[Epy]BF₄、[Emim]AC、[Bmim]OTf 等离子液体溶解了大部分的桥键、侧链及小分子结构,使得处理煤的低温失重段较短而且失重较少,但有离子液体引入的芳香类咪唑和吡啶环,使得处理煤中存在比重较大的低活性芳环结构,因此离子液体处理煤的高温段放热速率没有明显降低,表现出较好的燃烧能力。

(4)[Bmim]Cl 和[Epy]Br 离子液体处理煤在低温段失重较大,但由于这两种处理煤中缔合结构较多,氧化时伴有强烈的解缔合吸热作用,因此测得的这两种离子液体处理煤的低温段放热速率也较低,但由于处理煤中大量的环状结构,导致高温阶段处理煤的放热速率也显著加快。

(5)基于热分析实验得到的放热速率曲线,通过计算得到所有煤样在氧化放热过程中的活化能,发现[AOEmim]BF₄、[Amim]Cl、[Emim]AC 三种离子液体处理煤在低温段的平均活化能比原煤的低,说明这三种离子液体处理煤化学反应速率比原煤快;根据活化能随温度的变化趋势,发现[HOEmim]BF₄、[Epy]BF₄离子液体不但能够降低煤官能团活化过程对温度的敏感度,而且减慢了煤氧化速率。

(6)经过综合分析,[Epy]BF₄溶解煤效果很好,其处理煤低温阶段放热速率也较低,主要原因在于[Epy]BF₄具有最适合用来抑制煤自燃的离子液体结构特征。[Epy]BF₄阳离子脂肪侧链较短,与煤形成配合物后,带入煤中的脂肪烃结构较少，而且阴离子 BF_4^- 体积较大，电荷比较分散，因此与阳离子之间的静电作用不强，离子活性较高，其中的 F 原子能够与氧争夺自由基，从而阻断煤的自由基链式反应。此外，[Epy]BF_4 还能降低煤官能团活化过程对温度的敏感度。

整体来看，虽然部分离子液体处理煤在低温阶段时的放热速率较快，但基本上都比原煤慢，而且离子液体处理煤中能够在低温阶段发生反应的活性基团较少，芳环比重较大，这样从煤的结构本质上削弱了煤的低温氧化能力。这对于用离子液体来抑制煤自燃是比较积极的现象。

5　密度泛函法研究离子液体与煤相互作用机理

红外光谱实验和热分析实验都证实:离子液体确实能够破坏煤的易氧化活性基团,从而影响煤的氧化性质,但是不同离子液体的破坏能力不同,对煤氧化放热性质的影响也存在差异,这与所用离子液体的结构及其与煤的相互作用有密切关系。但是,至今还未有学者对离子液体与煤之间相互作用机理进行过探讨。要揭示离子液体与煤之间的作用机理需从离子液体的结构入手,找出离子液体结构的活性位。本章将采用量子化学密度泛函方法来计算离子液体电子结构参数,分析离子液体结构中的活性位,在此基础上讨论煤与离子液体之间的相互作用机理。

5.1　密度泛函法研究离子液体结构

离子液体的许多物理化学性质和阴阳离子之间的相互作用有关,如离子液体的黏度以及熔点等参数与离子间的相互作用能的大小相关。由于离子液体种类繁多,性质呈现多样性。用实验来测定各种离子液体的物化性质的方法虽然可靠,但是不利于功能化离子液体的设计效率和可行性分析。因此,在选择所需离子液体时,通常采用计算机模拟方法对离子液体的结构进行模拟分析,获得很多实验很难测到的离子液体微观信息,并可以通过增加或改变相关基团,计算并预测其对宏观性质的影响,这是真正意义上的"自下而上"的分子设计。通过分子模拟方法能够帮助深入理解离子液体结构与其物理化学性质之间的关系,揭示离子液体的微观本质,而且这种方法可以大大减少实验工作量,有效降低研究成本[95]。

5.1.1　离子液体的分子模拟研究

目前,有学者采用蒙特卡洛法、分子动力学方法来模拟计算离子液体液态体系的能量、密度、黏度等宏观性质,组成粒子的空间分布等微观结构,物质扩散性质以及对其他物质的溶解度,还可用于研究这些参数与温度和压力的关系[96-104]。

对于纯组分离子液体的分子动力学模拟[95]，Lynden Bell 等[96]所用的模拟力场忽略所有成键项，采用两体 Buckingham 势能模型，由简化的原子点电荷模型表示静电作用。Lynden Bell 还分别用全原子（AA）力场和联合原子（UA）力场对纯组分[Dmim]Cl 和[Dmim]PF_6进行了分子模拟。Maginn 团队[97]基于 Charmm 开发了[Bmim]PF_6的全原子力场，计算了不同温度和压力下[Bmim]PF_6体系的摩尔体积，考察了离子液体的体积膨胀系数、等温压缩因子以及分子结构。该团队还发展了联合原子力场和全原子力场，计算得到了 PF_6^- 类离子液体密度与温度之间的关系式，认为全原子力场得到的结果更加符合实验结果。美国爱荷华大学 Margulis 等[98]基于 Amber 力场也对[Bmim]PF_6进行了分子动力学模拟，计算了纯流体的密度、径向分布函数、均方位移及扩散系数等。伊朗学者 M. H. Kowsari[99]通过分子动力学模拟方法计算了咪唑类离子液体的动力学扩散系数，认为阴离子形状、离子大小和电荷分布是影响离子液体扩散系数的主要因素，其中阴离子形状是决定因素。巴西学者 S. M. Urahata[100]利用联合原子力场模拟了 1-甲基-、1-乙基-、1-丁基-和 1-辛基-3-甲基咪唑类阳离子，F^-、Cl^-、Br^- 和 PF_6^- 阴离子的离子液体体系，发现随着烷基侧链的增长，阴离子与阳离子距离越远。Andrade 等[101,102]对[Emim]$AlCl_4$、[Emim]BF_4、[Bmim]$AlCl_4$和[Bmim]BF_4四种离子液体进行了较为详细的分子动力学模拟研究，发现计算得到的 X 射线晶体数据和振动频率与实验数据较为吻合。Lopes 等[103]构建了烷基咪唑阳离子的全原子力场，采用 DL-POLY 软件对几种二烷基咪唑阳离子型离子液体作了分子动力学模拟，模拟力场参数取自 OPLS/AA 力场，并考虑了与氮相连的烷基链对构型的影响，模拟结果显示离子液体密度的模拟数据与实验数据也基本一致。北京化工大学吴晓萍、汪文川、刘志平等[70,104]自主开发了基于咪唑类离子液体的全原子力场模型，并对[Bmim]BF_4与乙腈的混合物进行了分子动力学模拟。预测的密度和实验值吻合非常好。为了增强模型的预测能力，还开发了联合原子力场模型，对咪唑基阳离子烷基链上—CH_2—和—CH_3作为联合原子处理，结果显示 UA 力场对[$C_n$mim]阳离子型离子液体的密度具有极好的预测能力，对汽化焓和内聚能的模拟结果精度较高。吴晓萍等还对常温下几种气体在不同离子液体[Bmim]BF_4、[Bmim]Tf_2N、[Omim]BF_4和[Omim]PF_6中的溶解度进行模拟，结果表明：随着咪唑环上烷基链的增长，气体的溶解度增大；而气体在含[Tf_2N]$^-$阴离子的离子液体中的溶解度比[BF_4]$^-$阴离子大约高两倍。

5.1.2　离子液体的密度泛函研究

分子模拟主要用于研究离子液体的分子动力参数，但对离子液体的结构与性质的模拟不如量子化学方法精确。量子化学计算重点研究稳定和不稳定分子的结构、结构与性能之间的关系、分子与分子之间的相互作用、分子与分子之间的相互碰撞和相互反应等问题。目前,大多数学者都倾向于利用量子化学方法中密度泛函理论(Density Functional Theory,DFT)来研究离子液体的阴阳离子结构与其物理化学性质之间的关系[105-122],以及研究离子液体与其他物质的反应机理。

当分子体系中各原子核空间位置确定后,电子密度 $\rho_0(x,y,z)$ 的空间分布也确定,体系能量就可用电子密度的泛函来表示。密度泛函理论假设电子密度是决定分子或固体体系的基本量,可以预测分子、固体的几何构型和电子性质。该理论通过对电子动能和势能的平均化处理,借助变分法或数值方法得到单电子系统的 Schrodinger 方程近似解,解密度泛函方程即可得到能量最低时的体系能量及电子密度分布。

(1) 密度泛函计算的理论基础

Hohenberg 和 Kohn 研究均匀电子气 Thomas-Fermi 模型的理论基础时,提出了 Hohenberg-Kohn(HK)定理:多体系统中的外势与多电子体系的电荷密度一一对应,即一个确定的外势将唯一地决定一个基态的电荷密度,只要已知系统的外势,就可以确定多电子系统的基态波函数及各种基态性质。

HK 定理认为体系的能量、动能和相互作用势可以写为电荷密度的泛函形式,即 $E_d[\rho]$,$T_k[\rho]$,$V_{ee}[\rho]$。HK 能量泛函关系式为:

$$E_d[\rho] = T_k[\rho] + V_{ee}[\rho] + \int V(r)\rho(r)\mathrm{d}r = F[\rho] + \int V(r)\rho(r)\mathrm{d}r$$

式中,$F[\rho] = T_k[\rho] + V_{ee}[\rho]$ 是一个仅与电荷密度 ρ 相关的泛函。$\rho(r)$ 为电子密度分布;r 为两个电子之间的距离,m;$V(r)$ 为外场势。

Kohn 和 Sham 对 HK 能量泛函变分得到了著名的 KS 方程。变分前,定义相互作用电子系统的电荷密度为 $\rho(r) = \sum_i^N |\varphi_i(r)|^2$,其中,$\varphi_i(r)(i=1,2,\cdots,N)$ 是单电子波函数。

将 $F[\rho]$ 中分离成电子的直接库仑相互作用项 V_H,在电荷密度 ρ 下无相互作用电子气的动能项 T_{k_0} 以及交换关联能 E_{xc},即:

$$F[\rho] = T_{k_0}[\rho] + V_H[\rho] + E_{xc}[\rho]$$

$$E_d[\rho,V] = T_{k_0}[\rho] + V_H[\rho] + E_{xc}[\rho] + \int V(r)\rho(r)\mathrm{d}r$$

$$V_H[\rho] = \frac{1}{2}\int \rho(r)\frac{e^2}{|r_i - r_j|}\rho(r')\mathrm{d}r\mathrm{d}r'$$

$$T_{k_0}[\rho] = \langle \varphi_i(r) | -\frac{\hbar^2}{2m}\nabla^2 | \varphi_i(r) \rangle$$

式中，$\hbar = \dfrac{h}{2\pi}$，h 为 Plank 常数，$h = 6.626\,075\,5 \times 10^{-34}$ J·s；m 为粒子的质量，$m = 9.109\,389\,7 \times 10^{-31}$ kg；∇^2 是 Laplace 算符，$\nabla^2 = \dfrac{\partial^2}{\partial x^2} + \dfrac{\partial^2}{\partial y^2} + \dfrac{\partial^2}{\partial z^2}$；$e = 1.602\,177\,33 \times 10^{-19}$ C，为基本电荷量。

因此：

$$E_{xc}[\rho] = F[\rho] - T_{k_0}[\rho] - V_H[\rho] = (T_k[\rho] - T_{k_0}[\rho]) + (V_{ee}[\rho] - V_H[\rho])$$

在实际求解过程中 E_{xc} 有各种不同的近似，最重要的有局域密度近似 LDA 和广义梯度近似 GGA。LDA 近似通常可以获得大部分体系较好的物理、化学性质，例如：固体的晶格常数，分子的键长、键角等。但原则上，LDA 只适用于电荷密度较为均匀的体系。

局部密度近似 LDA 下的 KS 方程式为：

$$\left[-\frac{\hbar^2}{2m}\nabla^2 + V_{eff}(r) \right] \varphi_i(r) = \varepsilon_i \varphi_i(r)$$

式中，ε_i 是变分时引入的轨道能量；$V_{eff}(r)$ 为有效定域势，表示为：

$$V_{eff}(r) = V[r] + V_c[r] + V_{xc}[r]$$

式中，$V_c(r) = \dfrac{1}{2}\displaystyle\int \rho(r')\frac{e^2}{|r-r'|}\mathrm{d}r'$ 为电子作用引起的库仑势；$V_{xc}(r) = \dfrac{\delta E_{xc}[\rho]}{\delta\rho(r)}$ 为交换关联势，V_{xc} 依赖于电荷密度在空间的分布。由此可见，KS 方程的核心是用无相互作用粒子模型代替有相互作用粒子系统，而将相互作用的全部复杂性归入了交换关联势 $V_{xc}[\rho]$ 泛函。

LDA 认为 $V_{xc}[\rho]$ 只与 r 处的电荷密度有关，而与密度梯度无关，交换关联能为 $E_{xc}[\rho] = \displaystyle\int \rho(r)\varepsilon_{xc}[\rho(r)]\mathrm{d}r$，即密度等于 $\rho(r)$ 的相互作用均匀电子气的多体交换关联能。其中，ε_{xc} 是用均匀电子气得到的交换关联能密度，$\varepsilon_{xc}^{LDA}(r_s) = -\dfrac{3}{4}\left(\dfrac{3}{2\pi}\right)^{2/3}\dfrac{1}{r_s}$。此交换关联能对应的交换关联势为：$V_{xc}^{LDA}[\rho] = \dfrac{\delta E_{xc}[\rho]}{\delta\rho} = \dfrac{\mathrm{d}}{\mathrm{d}\rho(r)}\{\rho(r)\varepsilon_{xc}[\rho(r)]\} = \varepsilon_{xc}[\rho(r)] + \rho(r)\dfrac{\mathrm{d}\varepsilon_{xc}[\rho(r)]}{\mathrm{d}\rho(r)}$。由此可见，$V_{xc}^{LDA}$ 仅与 ε_{xc} 有关。

广义梯度近似 GGA 进一步考虑电荷密度梯度，GGA 结果要比 LDA 更接近实验值。在 GGA 近似下，通常将交换相关能 E_{xc} 分为交换能 E_x 和相关能 E_c 两部分，都是电子自旋密度及其梯度 $\nabla\rho$ 的泛函，即 $E_{xc}^{GGA} = \displaystyle\int f_{xc}[\rho(r), \nabla\rho(r)]\mathrm{d}r$。

目前，Gaussian 是最常用来研究离子液体结构的量子化学计算软件。

Gaussian除了提供密度泛函方法以外,还提供从头计算方法、半经验方法等进行分子能量和结构,过渡态能量和结构,化学键和反应能量,分子轨道,偶极矩,多极矩,原子电荷和电势,振动频率,红外和拉曼光谱,核磁性质,极化率和超极化率,热力学性质,反应路径,激发态性质等相关计算。除此之外,还可以计算溶液体系和周期性体系。

(2)离子液体的DFT研究现状

目前对离子液体的结构认识尚处于初级阶段,研究对象仅限于少数咪唑阳离子与卤素、BF_4^-、PF_6^-的体系结构与离子液体熔点的关联和变化规律,特别是针对离子液体中氢键作用的文献较多[105-107]。其他性质随结构的变化关系还不清楚,需进一步研究。尽管气态条件下计算的结构不能完全等同于液态或者固态的结构,但是通过对气态条件下的计算仍然能得到一些有参考价值的结论[108]。

浙江大学王勇[109,110]在系统地研究了咪唑卤素类离子液体结构的基础上,用密度泛函方法研究了$^+C—H\cdots Cl^-$或$^+C—H\cdots Br^-$离子氢键的化学构成,计算结果发现一个咪唑类阳离子能够同时与一个、两个、三个阴离子形成氢键。Carper,Wasserscheid等学者[111]用半经验和从头算的方法研究了离子液体[Bmim]PF_6结构,指出$C—H\cdots F^-$氢键作用普遍存在于该离子液体中。张锁江[112]及德国Kirchner[113]教授课题组相继研究了[Emim]Cl和[Emim]PF_6离子液体中的氢键网络结构和多个离子之间的协同作用。董坤计算了Cl^-离子与[Emim]$^+$阳离子净电荷分布,研究了以不同方位结合的氢键作用能,推测了离子液体[Emim]Cl可能存在形式[114-115]。王大喜采用量子化学密度泛函方法计算研究了[Emim]Cl的正负离子间相互作用的平衡构型和阴阳离子的结合能[116]。高金森全优化计算了[Emim]$^+$的平衡几何构型。田国才等应用B3LYP/6-31G(d)方法研究了气相状态下[Emim]BF_4、[Emim]$AlCl_4$、[Emim]PF_6、[Emim]CF_3COO、[Emim]CF_3SO_3、[Emim]HSO_4、[Emim]NO_3的结构和红外光谱,分析了阴阳离子的结合方式及其相互作用[117]。王鹏采用量子化学密度泛函方法计算了三氯化铝烷基氯化咪唑盐的红外光谱,比较了不同烷基四氯化铝咪唑盐的键长,并计算得到阴阳离子结合后体系的结合能降低,说明阴阳离子间的静电作用减弱[118]。

万辉、王小露[119,120]等采用从头算HF/6-31G和密度泛函理论B3LYP/6-31+G(d,P)方法,对[EPy]BF_6、[EPy]PF_6、[EPy]Cl和[EPy]Br的离子对进行了结构优化和频率分析,并利用自洽反应场的导体极化连续模型考察了离子对液态下的结构及相互作用,得到了两种离子对的红外光谱及在气相、液相下的最稳定结构,还应用自然键轨道理论分析了吡啶阳离子及离子对中的原子电荷分布和电荷转移情况,结果证明四种离子液体中阴阳离子间除了静电相互作用外还存在着氢键作用。山东大学理论化学研究院的朱学英、张冬菊、刘成卜[121]等用量子化学方法在 B3LYP/6-31＋G(d) 的理论水平上研究了 N-烷基吡啶阳离子及其若干吡啶盐的离子对结构。

对咪唑类离子液体密度泛函计算得到以下重要结论：

① 咪唑环具有芳香性结构特征，环上键长具有单双键平均化的趋势，而且烷基对咪唑环键长几乎没有影响。烷基咪唑环上 3 个氢原子的净电荷均较大，与 C2 相连的 H 原子正电荷最大。Cl^- 阴离子与咪唑阳离子环上的 3 个氢原子形成很强的氢键，氯化咪唑离子液体最终以立体网络式结构存在。不同烷基咪唑盐的 C2 氢与 Cl^- 形成的氢键作用和离子键作用是氯化烷基咪唑分子的结构特征[114-117]。

② 烷基取代链种类对咪唑环的键长影响较小。由计算所得的结合能可知 $AlCl_4^-$ 离子与烷基咪唑阳离子结合后体系的能量大幅下降，表明 $AlCl_4^-$ 离子与烷基咪唑阳离子存在很强的静电作用[118]。

③ 1-乙基-3-甲基咪唑氯盐[Emim]Cl 阴阳离子的结合能包括氢键作用能和阴阳离子的静电作用能，主要体现为静电作用能[116]。

对吡啶类离子液体密度泛函计算得到的主要结论如下：

① N-烷基吡啶阳离子的吡啶环具有芳香性，侧链烷基的大小对吡啶环结构影响较小；阴离子通常出现在吡啶环的偏上方及 N 原子邻位和对位的 C 原子周围；阴、阳离子离子对之间存在多重较弱的氢键；随着侧链的增长，离子对中氢键逐渐减弱；随阴离子半径的增加，离子对中阴、阳离子之间的相互作用能逐渐减弱[121]。

② [EPy]BF$_6$ 和[EPy]PF$_6$ 吡啶类离子液体的[EPy]$^+$ 所带的正电荷并非只存在于吡啶芳环上，乙基支链上的氢原子也带有部分正电荷，整个阳离子中正电荷的分布较为均匀，且具有对称性；阴阳离子相互作用组成离子对时两个离子液体中电荷不再均匀对称分布，阴阳离子间发生了电荷转移，而且气相中的电荷转移比液相中的电荷转移要明显。

③ [EPy]Br 与[EPy]Cl 结构相似，同样存在着液相环境导致静电作用降低而引起的相互作用能大幅降低的情况；阴离子均更加倾向于在吡啶环的氮原子附近与阳离子结合；阴阳离子间存在着静电作用和氢键作用；氢键的形成来自电子给体的阴离子所带的孤对电子向吡啶上 C—H 的反键轨道和乙基上 C—H 的反键轨道环转移的离域效应。

④ 气相中静电作用为主导作用，氢键作用很小，而液相中离子液体较高的极性引起了周围环境对阴阳离子电荷的中和作用，导致[EPy]Cl 阴阳离子气液相的相互作用能相差较大，静电作用减弱，氢键作用成为了阴阳离子间的主导作

用。但自然键轨道 NBO 分析发现,气相状态下阴阳离子间的氢键作用比液相状态下更为强烈[119,120]。吡啶阳离子的最低未占轨道 LUMO 与阴离子的最高已占轨道 HOMO 相互作用形成离子液体分子[122]。

5.1.3 离子液体与其他物质相互作用的密度泛函研究

中国地质大学邢旭伟[123]采用密度泛函理论研究常用的离子液体阴离子(Tf_2N^-、BF_4^-、PF_6^-)对 SO_2 的吸附行为,发现这三种阴离子与 SO_2 的相互作用以物理吸附为主,计算结果发现 SO_2 在离子液体中的溶解度会随着 SO_2 和阴离子之间的相互作用强弱而变化。李学良[124]通过对羟烷基胺功能化离子液体吸收 SO_2 的量子化学计算,确定了该离子液体中有能够有效吸收 SO_2 的官能团。

陈卓、谢辉[125]等通过对功能离子液体[NH_2 p-bim]BF_4 吸收 CO_2 的密度泛函研究,发现离子液体[NH_2 p-bim]BF_4 吸收 CO_2 主要通过离子液体的阳离子自偶解离的[NHp-bim]与 CO_2 结合生成[O_2 C-NHp-bim]。Hanke 等[80]通过实验和分子热力学模拟方法得出的结论认为,离子液体的阳离子本身具有环状结构,有一定的芳香性,与芳烃的部分结构相似,所以相互溶解性大。山东大学朱学英[126]采用密度泛函理论研究了咪唑类离子液体中阴阳离子与甲醇之间的相互作用,发现甲醇羟基氧原子与阳离子的氢原子,羟基原子与阴阳离子之间分别形成氢键,随着阳离子 N-烷基侧链的增长,甲醇与阳离子之间的相互作用能逐渐减弱;通过对复合物相互作用能的比较,发现咪唑环上氢原子的酸性比 N-烷基侧链的酸性强,其中 C2 氢原子的酸性最强。甲醇和离子[Emim]Cl 可以形成多种复合物,它与阴离子之间的相互作用比与阳离子的强,而且甲醇可以同时与阴阳离子形成较强的氢键,在离子对中起桥梁的作用。甲醇的存在使得离子液体阴阳离子之间的相互作用减弱,电荷分布发生改变。王勇[127,108]采用密度泛函理论对咪唑类离子液体和水的相互作用进行研究,发现咪唑阳离子、离子对以及离子液体阴离子(Cl^-、Br^-、BF_4^-)均能够与水分子形成氢键作用。王勇还通过对咪唑类离子液体与丙烯酸甲酯的量子化学计算发现,离子液体的阳离子和离子对均能和丙烯酸甲酯形成氢键作用,而且阴、阳离子之间的相互作用对离子液体和丙烯酸甲酯之间的相互作用有着较大的影响。

5.2 [Bmim]Cl 离子液体结构的密度泛函计算

本节用 Gaussian03 软件程序在 BLYP/6-31G(d)计算水平上对[Bmim]Cl 离子液体(原子编号如图 5-1 所示)的几何构型进行优化(图 5-2),得到表 5-1 所示的电荷分布、键长等几何构型参数[128]。

图 5-1　[Bmim]Cl 离子液体中主干原子编号

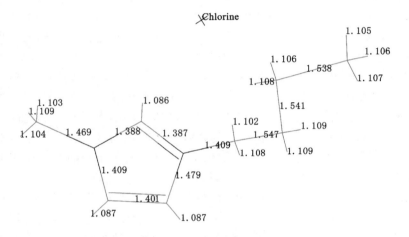

图 5-2　优化后的[Bmim]Cl 离子液体的结构及键长

表 5-1　　　　　　　　　　[Bmim]Cl 离子液体主要原子净电荷分布列表

原子编号	原子	电荷/C	化学键	键长/Å
1	N	0.305 6	N1—C2	1.387
			N1—C5	1.409
			N1—C7	1.479
2	C	0.147 0	C2=N1	1.387
	H(1)	0.127 6		
3	N	−0.324 0	N3—C6	1.469
4	C	0.042 4	N3—C4	1.409
	H(1)	0.085 5		

原子编号	原子	电荷/C	化学键	键长/Å
5	C	0.09	C5—N1	1.409
	H(1)	0.107 5	C4—C5	1.401
6	C	0.013 9		
	H(3)	0.046 2		
7	C	0.074 6	C7—C8	1.547
	H(2)	0.072 3		
8	C	−0.018 1	C8—C9	1.541
	H(2)	0.030 4		
9	C	−0.052 7	C9—C10	1.538
	H(2)	0.026 5		
10	C	−0.065 2		
	H(3)	0.023 0		
	Cl	−1		

经全优化后,咪唑环上 C4、C5 原子和环上的 H 原子的二面角几乎为 0°,或在 180 左右,即咪唑环仍为平面共轭体系。

环上的 N3 所带负电荷最多为 −0.324 0 C,而 N1 带正电荷最多为 0.305 6 C,其次为 C2 和所连 H 原子分别带 0.147 0 C 和 0.127 6 C,C5、C4 所带正电荷也不少,分别为 0.09 C,0.042 4 C,C5 所连 H 原子的电荷为 0.107 5 C,与 N1 相连的 C7 以及其上的 H 原子也带有较大的正电荷,所带正电荷分别为 0.074 6 C 和 0.072 3 C。

据优化后的 Cl⁻ 所在位置,发现 Cl⁻ 在 C2 和 N1 之间,Cl⁻ 向 C2 方向偏移。主要是因为带有较大负电荷的 Cl⁻ 与带有较大正电荷的 C2,C2 氢,N1 原子之间有很强的静电吸引作用,尽管 N1 所带正电荷最多,但是其所连支链上的 C9,C10 带有较大负电荷,与 Cl⁻ 形成排斥力,导致 Cl⁻ 向 C2 方向偏移,最终 Cl⁻ 以倾斜于 C2 原子的上方结合。J. G. Huddleston 测定咪唑环 2 位和 4、5 位上的 H 原子的化学位移发现,2 位上的 H 原子的电子云密度比 4、5 位上的 H 原子大得多[77],意味着 2 位 H 比 4 位和 5 位的 H 活性大,更易和阴离子形成氢键,有利于整个离子液体的稳定,而本书对[Bmim]Cl 结构模拟的结果与该测定结果一致。

5.3 [HOEmim]BF₄离子液体结构的密度泛函计算

采用与上述优化计算相同的参数设置对[HOEmim]BF₄离子液体(原子编号如图 5-3 所示)进行结构优化(图 5-4),得到几何构型参数如表 5-2 所示。

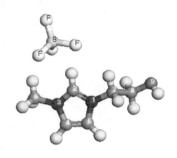

图 5-3 [HOEmim]BF₄离子液体的分子结构

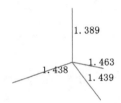

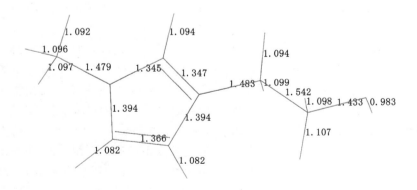

图 5-4 优化后的[HOEmim]BF₄离子液体的结构及键长

表 5-2 [HOEmim]BF₄离子液体主要原子净电荷分布列表

原子编号	原子	电荷/C	化学键	键长/Å
1	N	0.308	N1—C7	1.483
			N1—C5	1.394
2	C	0.147	C2＝N3	1.347
	H(1)	0.128		
3	N	−0.324	N3—C6	1.479
4	C	0.042	C4—N3	1.394
	H(1)	0.086		
5	C	0.09	C5—C4	1.366
	H(1)	0.108		
6	C	0.014	N3—C2	1.345
	H(3)	0.046		
7	C	0.089	C7—C8	1.542
	H(2)	0.075		
8	C	0.078	C8—O9	1.433
	H(2)	0.06		
9	O	−0.393	O9—H	0.983
	H(1)	0.21		
	B	1.479		
	F	−0.62		

经全优化后,咪唑环上 C4、C5 原子和环上的 H 原子的二面角几乎为 0°,或在 180°左右,即咪唑环仍为平面共轭体系。

咪唑环上侧链羟乙基中的 O 原子所带负电荷最多为−0.393 C,其次是咪唑环上的 N3 带电−0.324 C。带正电荷最多的是 N1,带电荷 0.308 C,其次是羟乙基中羟基 H 和咪唑环的 C2 原子,分别带 0.21 C 和 0.147 C。

阴离子与 C2 原子距离较近,F 原子对 C2 的吸电子诱导效应使得 C2 上电荷密度减少,振动能量降低,C2—H 的活性增强。与[Bmim]类离子液体相同,咪唑环上的 C2 原子的活性比 C4,C5 要强。与 N3,N1 直接相连的 N3—C6 和 N1—C7 键长分别为 1.479 Å、1.483 Å,是整个离子液体中键长最长的两个键,因此 C6 和 C7 的活性也较强。另外,[Bmim]Cl 的阴离子电荷较为集中,而[HOEmim]BF₄阴离子电荷较为分散,因此[HOEmim]BF₄阴阳离子间的静电力和分子间作用力都较[Bmim]Cl 弱,从这一点来看,[HOEmim]BF$_4$ 活性比[Bmim]Cl 要高得多。

另外,若阴离子或阳离子取代侧链中含有电负性强的原子,将大大增强离子液体的极性。[HOEmim]BF$_4$ 的极性也比[Bmim]Cl 要强。受阴离子 BF$_4^-$ 负电性强原子 F 的静电吸引,咪唑环上的 N3—C4 和 N1—C5 键长比正常纯咪唑环缩短较多,羟乙基中的 O—H 有与阴离子相互排斥的趋势。但受阴离子中 F 原子吸电子诱导效应的影响,羟乙基的极性增强,从而会使得整个离子液体的极性增强;另外,负电性强的 F 原子对整个正电性咪唑环具有吸电子诱导效应,使得咪唑环上的正电性增强,也会导致离子液体的极性增强。

[HOEmim]BF$_4$ 离子液体阳离子受羟乙基的影响,咪唑环的 C2—H 易断键,活性较强。与 N1、N3 直接相连形成的 N—C 键最长,易断键;阳离子 C2 和 C5 所带 H 原子所带正电荷较高,这些都将是物质与[HOEmim]BF$_4$ 离子液体发生作用的易攻部分。

5.4　[HOEmim]BF$_4$ 与煤相互作用时的电荷转移

Mulliken 布居分析是表示电荷在各原子之间分布情况的方法。该方法依赖于基组的选择,且计算所得数值的大小与实验值存在一定的偏差,用该方法得到的具体数值意义并不大。尽管如此,Mulliken 布居分析可以用来间接地讨论体系中的电荷转移情况,揭示分子间的作用机理。

既然[HOEmim]BF$_4$ 离子液体结构中的活性位较多,对煤的溶解力较大,本书以[HOEmim]BF$_4$ 为例,用密度泛函方法计算离子液体与煤作用前后Mulliken 电荷分布,分析该过程中发生的电荷转移,从而揭示煤-离子液体相互作用的本质。

采用与上述优化计算相同的参数设置对[HOEmim]BF$_4$ 离子液体和煤共同存在时的结构进行优化。本书建立的初始简易煤模型的总电荷为零,但与离子液体共同存在后,其中的电荷发生了变化。从图 5-5 所示的与[HOEmim]BF$_4$ 离子液体作用前后煤简易模型的 Mulliken 电荷布居来看,正电荷主要分布在边缘氢原子和芳香环内部 C 原子上,负电荷主要被羟基和羧基中的 O 原子以及芳香环的边缘碳原子占据,作用后煤中正电原子和负电原子所带电荷量都不同程度增加,这是[HOEmim]BF$_4$ 离子液体与煤作用时发生电荷转移的结果。表 5-3 是[HOEmim]BF$_4$ 离子液体与煤反应作用前后的Mulliken 电荷比较表。

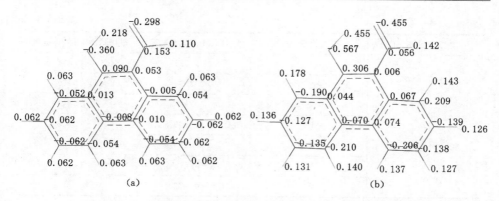

(a)　　　　　　　　　　(b)

图 5-5　与[HOEmim]BF₄相互作用前后煤的 Mulliken 电荷分布

(a) 作用前；(b) 作用后

表 5-3　　[HOEmim]BF₄ 离子液体与煤作用前后原子的 Mulliken 电荷

原子编号	原子	作用前 Mulliken 电荷/e	作用后 Mulliken 电荷/e
1	N	-0.228	-0.231
2	C	0.144	0.083
	H(1)	0.313	0.246
3	N	-0.233	-0.242
4	C	-0.016	-0.022
	H(1)	0.169	0.131
5	C	-0.016	-0.017
	H(1)	0.17	0.139
6	C	-0.324	-0.351
	H(1)	0.234	0.236
	H(2)	0.211	0.169
	H(3)	0.18	0.189
7	C	-0.215	-0.176
	H(1)	0.176	0.176
	H(2)	0.256	0.136
8	C	0.007	-0.033
	H(1)	0.136	0.135
	H(2)	0.17	0.171

原子编号	原子	作用前 Mulliken 电荷/e	作用后 Mulliken 电荷/e
9	O	−0.627	−0.537
	H(1)	0.399	0.317
	B	0.946	0.944
	F1	−0.409	−0.332
	F2	−0.483	−0.382
	F3	−0.474	−0.355
	F4	−0.472	−0.382

从表中的数据可以看出：作用前阳离子的 Mulliken 电荷为 0.906 e，作用后为 0.519 e；作用前阴离子的 Mulliken 电荷为 −0.892 e，作用后为 −0.507 e。可见，作用后离子液体的阳离子正电荷和阴离子的负电荷都有减少，说明在[HOEmim]BF₄ 离子液体与煤作用过程中，离子液体的正负电荷都向煤转移，阳离子接受煤表面负电基团的电子，使得自身电荷密度增加，导致正电性降低；而阴离子提供电子给煤表面的正电基团，使得自身电荷密度减少，从而负电性也减弱。从煤中芳香环边缘 C 原子的负电荷分布变化情况来看，离子液体影响了煤中芳香环的电荷分布，从而破坏了芳香环的稳定性。从另一个角度来分析，离子液体与有机溶剂溶解煤机理的差别在于，离子液体不仅能够破坏煤中氢键等非共价键，还能影响煤中芳环结构的共价键稳定性，从而增强了其溶解煤的能力。

5.5 离子液体与煤作用机理分析

煤分子间及分子内部存在着强烈的氢键作用，而且煤的芳香结构缩合度较高，因此一般化学试剂对煤的直接可及度很低。煤的直接溶剂分子中必须含有电负性大、半径小的原子或者离子，能与煤中羟基产生强烈的氢键，从而使煤分子间的氢键断裂；或者含有电负性小、半径小的原子或离子，能与煤中的氧原子形成配位键，促使煤溶解。当煤溶于离子液体后，离子液体与煤之间能够快速形成较强的分子间作用力，包括离子液体与煤中的矿物表面和螯合离子间的静电力，离子-偶极、偶极-偶极、氢键作用以及 π-阳离子作用。离子液体与煤的作用力程度受煤的结构、咪唑环上的取代链及阴离子大小和本质影响[48]。[HOEmim]BF₄ 离子液体与煤中氢键作用过程如图 5-6 所示。

煤在离子液体中的溶解与离子液体阴阳离子结构中的活性原子关系密切。由目前离子液体结构的密度泛函计算成果[108-127]和本章对[Bmim]Cl 和

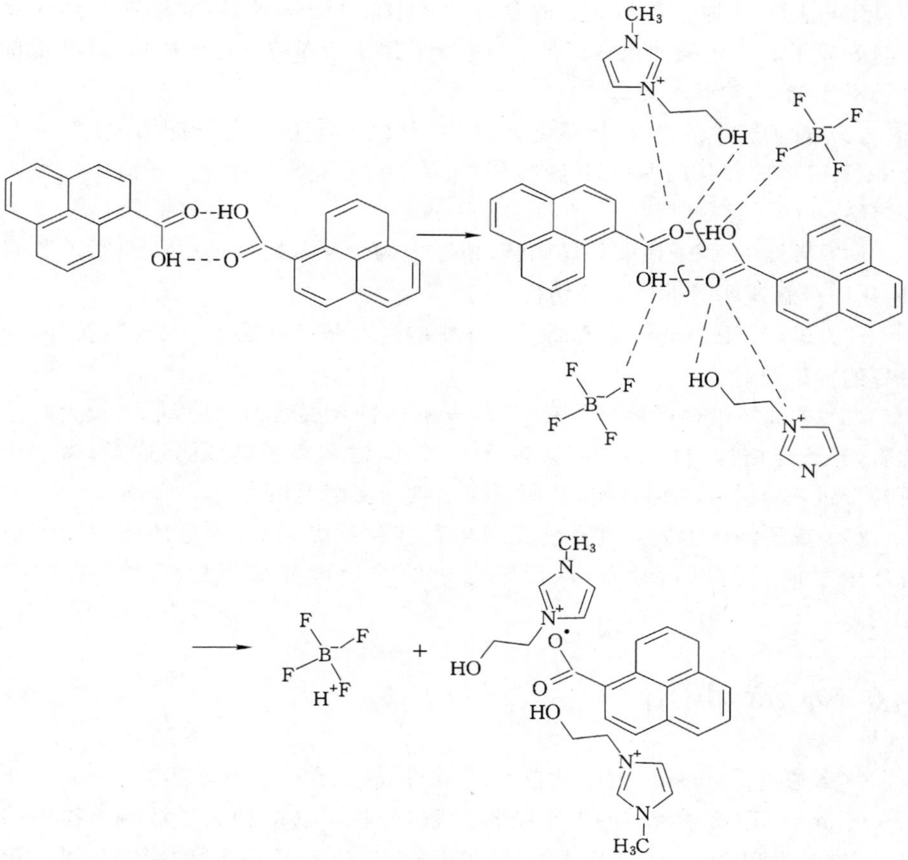

图 5-6 ［HOEmim］BF₄离子液体破坏煤中氢键的机理示意图

［HOEmim］BF₄离子液体结构计算结果可见：离子液体阴离子结构中的羟乙基 H 原子、咪唑环上的（C2）H 原子、阳离子侧链上的（C6）H 和（C7）H 原子，都具有高活性，都可以与煤中的羟基、羧基等以氢键结合，是离子液体溶解煤的关键位置。另外，若离子液体阳离子取代基上有含氧官能团，如［HOEmim］BF₄和［AOEmim］BF₄，其中的羟基和羰基也将成为煤与离子液体作用的重要活性位置。

以［HOEmim］BF₄离子液体为例，阐述离子液体溶解煤的作用机理：

（1）［HOEmim］BF₄离子液体咪唑环上的活性 H 原子可与煤中苯环形成 H…π氢键形成插合物，π 键上电子数目越多，空间位阻越小，H…π 氢键越强，溶解度也就越大。

（2）活性 H 原子易与煤中的含 S 杂环形成 H…π 氢键，而且煤中含 S 杂环中的 S 原子具有较强的供电子能力，增强了含 S 杂环的 π 电子密度，且环上的 π 电子密度越大，溶解度越大。

（3）对于煤中的含 N 杂环化合物，由于 N 具有强吸电子能力，可直接与活性 H 原子形成较强的 N…H（咪唑环）氢键，导致含 N 杂环在离子液体中也有部分溶解。

（4）活性 H 原子还能与煤侧链、桥键中的含氧基团中的电负性原子形成氢键，从而溶解这些活性较高的结构。

（5）煤与[HOEmim]BF₄ 离子液体中的羟乙基易形成 N…OH 氢键，断开煤自身的内部氢键。

（6）若离子液体的侧链较长，当离子液体进入煤结构之后，形成较大的空间位阻，导致煤结构中的 H…π 氢键、H…X⁻ 氢键和离子键减弱，这样，离子液体更易于进入煤分子网络结构，从而对煤结构的溶解度增大。

（7）离子液体的阴阳离子将正负电荷转移到煤表面，而且还影响到煤中芳香环中 C 原子的电荷分布，从而对煤中的共价键的稳定性产生一定的破坏作用。

5.6 本章小结

本章通过 Gaussian 量子化学计算软件密度泛函方法计算了[Bmim]Cl 和 [HOEmim]BF₄ 离子液体的电子结构参数，分析了这两种离子液体结构中的活性位，结果发现[Bmim]Cl 离子液体咪唑环上的(C2)H 原子活性较高，可与煤中苯环形成 H…π 氢键形成插合物，π 键上电子数目越多，空间位阻越小，H…π 氢键越强，溶解度也就越大。煤中的含 S 杂环形成 H…π 氢键，S 原子具有较强的供电子能力，增强了含 S 杂环的 π 电子密度，且环上的 π 电子密度越大，溶解度越大。对于煤中的含 N 杂环化合物，由于 N 具有强吸电子能力，可直接与咪唑环 C2 氢原子形成较强的 N…H（咪唑环）氢键，导致含 N 杂环在离子液体中也有部分溶解。C2 氢原子还能与侧链、桥键中的含氧基团中的电负性原子形成氢键，从而溶解这些活性较高的结构。离子液体较长的侧链会形成较大的空间位阻，在离子液体进入煤体中之后，能够削弱煤分子间的 H…π 氢键、H…X⁻ 氢键和离子键，使得离子液体易于进入，从而增大对煤结构的溶解度。通过对离子液体与煤作用前后的 Mulliken 布居进行分析，发现[HOEmim]BF₄ 离子液体的阴阳离子将正负电荷转移到煤表面，还增加了煤芳香环边缘 C 原子的负电荷，因此离子液体对煤中的共价键的稳定性也会产生一定的破坏作用。

6　结论与展望

6.1　主要结论

本书就离子液体对煤氧化性质的影响进行了系统研究,并初步揭示了离子液体与煤的相互作用机理,得出的主要结论如下:

(1)详细介绍了离子液体的结构与物理化学性质之间的关系,概述了离子液体溶解气体和有机物的研究现状,以及离子液体应用于煤化工如煤液化领域的最新研究成果。在此基础上,提出了用离子液体改变煤结构从而影响煤的氧化燃烧特性的方法。

(2)通过光学显微镜观察了煤在离子液体中的溶解分散情况,发现煤在离子液体中能够破碎、分散,说明离子液体确实能够破坏煤结构。

(3)选择了[Bmim]Cl、[Bmim]OTf、[Amim]Cl、[Bmim]AC、[Emim]AC、[AOEmim]BF_4、[HOEmim]BF_4、[EPy]Br 和[EPy]BF_4九种离子液体分别对煤样进行处理,利用红外光谱仪测试原煤和处理煤中的活性基团吸收峰并进行分析,发现九种离子液体都能部分溶解煤中的芳香结构、脂肪族直链烃以及羟基、羰基等含氧官能团,其中,[HOEmim]BF_4对煤中官能团的清除作用最好,[Bmim]Cl 和[Epy]Br 的溶解效果较差。结合官能团吸收峰峰面积大小,各离子液体对煤的溶解作用强弱顺序为:[Bmim]Cl<[Epy]Br<[Bmim]AC<[Bmim]OTf<[Amim]Cl<[AOEmim]BF_4<[Emim]AC<[Epy]BF_4<[HOEmim]BF_4。阴离子为 BF_4^- 的离子液体对煤的溶解效果较好。

(4)对离子液体处理煤中咪唑、吡啶类官能团吸收峰进行分析,结果显示离子液体处理煤中有阳离子咪唑环或吡啶环的相关吸收峰。另外,[AOEmim]BF_4处理煤中羧基的红外光谱强度很高,这充分说明了离子液体在溶解煤中官能团的同时,阳离子与煤之间产生作用而存留在煤结构中。

(5)根据"溶剂效应"和"笼子效应"原理,推测了离子液体溶解煤的过程,建立了离子液体溶解煤的"瞬时配合物"模型,认为:在离子液体-煤作用过程中,阴离子、阳离子能够与煤中的含 S 杂环、含 N 杂环、含氧官能团等形成氢键,从而破坏煤中大部分氢键,使煤结构破碎分解;同时离子液体会与煤键合形成瞬时配合物,当体系电性不平衡时,离子液体中的阴阳离子受自由离子激发,阴阳离子活性变强,对瞬时配合物形成强作用力,使得参与键合的煤中官能团结构脱离煤体而溶解于离子液体;但当体系表现为电中性时,周围离子液体的阴阳离子活性降低,无法使瞬时配合物脱离煤体,从而使得离子液体与煤形成的瞬时配合物存留在不溶的煤结构中,成为离子液体处理煤的成分之一。

(6)热分析实验结果显示,[AOEmim]BF_4、[Amim]Cl 处理煤没有干裂温度,只有活性温度,失重段较长,说明这两种煤样中的高活性基团种类和含量较多;其余离子液体处理煤都没有出现明显的活性温度,但有干裂温度,说明这些离子液体处理煤中的高活性结构较少,在低温氧化段的失重过程较短。

(7)部分对煤具有优良溶胀作用的离子液体,如[AOEmim]BF_4 和[Amim]Cl离子液体,能够疏松煤的主体结构,增加煤体孔隙,但不能有效溶解煤中的易活化结构,部分小分子相与离子液体作用后与煤主体结构分离,成为低温氧化的反应物,以致在低温时失重比和放热速率都较高。

(8)[HOEmim]BF_4、[Emim]AC 和[Epy]BF_4 离子液体对煤中的芳烃、脂肪烃结构都能有效溶解。尽管煤自身的部分芳环结构被溶解,但有离子液体引入的咪唑或吡啶环,使得处理煤中的低活性环状结构比重较大,导致离子液体处理煤的高温段放热速率没有明显降低,仍然表现出较好的燃烧能力。[HOEmim]BF_4 和[Emim]AC 溶解煤官能团能力很强,在低温氧化阶段的失重很少,但是[HOEmim]BF_4 和[Emim]AC 与煤形成瞬时配合物时引入了易氧化的羟基和羰基,导致这两种离子液体处理煤在低温阶段放热速率较快,而[Epy]BF_4 处理煤的失重较少,放热速率也较低,这与[Epy]BF_4 的短烷基取代链和大体积的含 F 阴离子有关。

(9)[Bmim]Cl 和[Epy]Br 离子液体对煤的溶胀和溶解效果都不明显,而且低温阶段的失重较多,但[Bmim]Cl 和[Epy]Br 处理煤的放热速率却较低,这是处理煤中残留较多的煤原生缔合结构,在低温时解缔合吸热的结果。[Bmim]Cl 和[Epy]Br 离子液体处理煤中杂环和芳环较多,所以这两种离子液体处理煤的高温燃烧放热速率也明显加快。

(10)通过计算各处理煤在热分析实验中的活化能,结果表明[AOEmim]BF_4、[Amim]Cl 和[Emim]AC 三种离子液体处理煤在低温段的化学反应速率比原煤快。根据活化能随温度变化曲线,发现部分离子液体还能降低煤官能团活化过程对温度的敏感度。

(11)热分析结果显示离子液体不但能够减少煤中的活性基团,而且经过离子液体处理后煤的低温氧化失重减少,大部分处理煤的放热速率有所降低,且在关键温度时加速不如原煤明显。总之,离子液体能够减少煤中易氧化基团数量,增加处理煤中的环状结构的比重,这对于用离子液体来抑制煤自燃是比较积极的现象。

(12) 通过量子化学软件的密度泛函方法对[Bmim]Cl 和[HOEmim]BF₄ 的结构进行优化,发现[Bmim]Cl 和[HOEmim]BF₄ 离子液体咪唑环上的(C2)H 原子活性较高,且[HOEmim]BF₄ 中的活性位比[Bmim]Cl 要多。[HOEmim]BF₄ 离子液体中羟乙基与煤中羟基、羰基、羧基、含 S 杂环、含 N 杂环易形成氢键,从而增强了该离子液体对煤的溶解力。

(13) 通过对[HOEmim]BF₄ 离子液体与煤作用前后的 Mulliken 布居分析,发现[HOEmim]BF₄ 的阴阳离子将自身的正负电荷转移到煤表面,使得煤结构中原子的正负电荷都不同程度地增加,而且芳香环的 C 原子电荷也发生明显变化。由此推论:离子液体不仅能够破坏煤中氢键等非共价键,还能影响煤中的共价键的稳定性,从而增强其对煤结构的破坏性。

(14) 综合所有离子液体处理煤的 FTIR 和 TG-DSC 实验结果,根据所构建的离子液体溶解煤的"瞬时配合物"模型,认为阳离子取代链较短、阴离子体积较大的离子液体[Epy]BF₄,具有适合用来抑制煤自燃的离子液体的最佳结构。

6.2 研究工作展望

离子液体具有不挥发、热稳定性良好、可设计等独特的物理化学性质而成为化学研究的一个新领域,引起了越来越多的科研工作者关注。

本书旨在探索能够溶解煤结构的离子液体的结构特征。但本书对离子液体溶解煤的认识还局限在对某些实验事实的经验性、常识性的分析和判断。而现有的离子液体的热力学、动力学和工程数据还相当缺乏,对离子液体工业应用的预测能力也很有限,这在一定程度上限制了离子液体在抑制煤自燃方面的研究和应用。因此,本研究的深入开展还有赖于对离子液体的进一步研究和发展。

笔者认为在今后的工作中还需要在以下方面进一步探究:

(1) 对于煤与氧的复杂反应,由 Arrhenius 公式求出的 E 值只是实验值,并没有实际的物理意义。因此,在离子液体影响煤氧化动力学方面还需要进一步的研究,以深入揭示离子液体处理煤与原煤化学反应机制的差别。

(2) 对煤与离子液体共同存在时的混合物进行低速氧化升温实验,并检测该过程释放的产物气体种类;研究离子液体与煤共同存在时的低温氧化动力学机理函数,揭示离子液体对煤氧化反应动力的影响机制。

(3) 借助扫描电子显微镜来观察离子液体处理煤与原煤表面形态的变化,

利用溶解度测定仪比较常用有机溶剂和离子液体对煤结构的溶解度情况,利用气体吸附仪对离子液体处理煤的吸附气体率进行考察。

(4)离子液体有机阳离子与煤体的结合使得煤的高温放热性能不减,因此今后还要重点研究如何抑制阳离子与煤的结合,使得离子液体对煤只有溶解作用而不会形成配合物。

(5)利用密度泛函理论对吡啶类离子液体与煤作用的活性位进行模拟计算,比较咪唑与吡啶类离子液体与煤作用的差别,为离子液体优选提供理论依据;另外,本书对离子液体与煤相互作用机理只是进行了初步解释和分析,在这方面还需进一步结合实验数据得出更真实的作用机理。

(6)由于离子液体购买成本较高,若将其直接用于采空区灭火是极不经济的。为实现利用离子液体抑制采空区煤自燃的目的,可考虑将离子液体掺入到现有防灭火材料中,但是这有必要深入研究各种材料与离子液体的配比,以及水、沙、土对离子液体溶解煤和抑制煤氧化作用的影响情况。

(7)本书通过综合比较,认为[Epy]BF_4溶解煤效果很好,其处理煤在低温段放热速率不高,能够抑制煤氧化反应。不过该离子液体在常温时为固态,限制了其实际应用。可通过加少量水的方式大大降低该离子液体的熔点,但是加水后离子液体抑制煤的效果还有待进一步讨论。

(8)氧气浓度、采空区堆积煤的孔隙、粒度、水分含量等因素都会影响到煤自燃进程,而离子液体性质受水影响较为明显,但是本书选用的离子液体都能溶于水,因此应进一步考察水不溶性离子液体对煤结构及其氧化性质的影响。

参 考 文 献

[1] 谢克昌.煤的结构与反应性[M].北京:科学出版社,2007.

[2] 王省身.矿井灾害防治理论与技术[M].徐州:中国矿业大学出版社,1986:
164-165.

[3] 王德明.矿井火灾学[M].徐州:中国矿业大学出版社,2008.

[4] 阮国强.鲍店煤矿粉煤灰胶体防灭火技术研究[D].西安:西安科技大
学,2006.

[5] 马汉鹏,王德明.无氮三相泡沫防灭火技术在综采放顶煤工作面的应用[J].
煤矿安全,2008,39(2):31-34.

[6] 王根卿,张银振,付保山,等.新型防灭火材料在八矿的应用[J].煤矿安全,
2006,37(5):17-18.

[7] Ann G Kim. Cryogenic injection to control a coal waste bank fire[J].
International Journal of Coal Geology, 2004(59):63-73.

[8] 董希琳,陈长江,郭艳丽.煤炭自燃阻化文献综述[J].消防科学与技术,2002
(2):28-31.

[9] 董希琳.DDS 系列煤炭自燃阻化剂实验研究[J].火灾科学,1997,6(1):
20-26.

[10] Wiwik S Watanabe, Dong-ke Zhang. The effect of exchangeable cations
on low-temperature oxidation and self-heating of a victorian brown coal
[J].Fuel Processing Technology,2001(74):145-160.

[11] 刘先建.淮南煤的结构与反应性研究[D].淮南:安徽理工大学,2005.

[12] 张继周.煤结构模型的研究与展望[J].能源技术与管理,2005(5):37-38.

[13] 王三跃.褐煤结构的分子动力学模拟和量子化学研究[D].太原:太原理工
大学,2004.

[14] 罗陨飞.煤的大分子结构研究——煤中惰质组结构及煤中氧的赋存形态
[D].北京:煤炭科学研究总院,2002:6-11.

[15] 王龙贵,张明旭,欧泽深,等.煤炭微生物转化技术研究状况与前景分析
[J].洁净煤技术,2006,12(3):62-66.

[16] 郭兴明.缓倾特厚综放面煤层自燃预测及防治技术研究[D].西安:西安科技学院,1999.

[17] 陈苊.煤中非共价键行为的研究[D].上海:华东理工大学,1997.

[18] 冯杰,李文英,谢克昌.傅立叶红外光谱法对煤结构的研究[J].中国矿业大学学报,2002,31(5):362-366.

[19] 葛岭梅,李建伟.神府煤低温氧化过程中官能团结构演变[J].西安科技大学学报,2003(2):187-190.

[20] 杨永良,李增华,尹文宣,等.易自燃煤漫反射红外光谱特征[J].煤炭学报,2007,32(7):729-733.

[21] 陆伟.煤自燃逐步自活化反应过程研究[D].徐州:中国矿业大学,2006:30-33.

[22] 王继仁,金智新,邓存宝.煤自燃量子化学理论[M].北京:科学出版社,2007.

[23] 王宝俊,张玉贵,秦育红,等.量子化学计算方法在煤反应性研究中的应用[J].煤炭转化,2003,26(1):1-7.

[24] 石婷,邓军,王小芳,等.煤自燃初期的反应机理研究[J].燃料化学学报,2004,32(6):652-656.

[25] 何启林,任克斌,王德明.用红外光谱技术研究煤的低温氧化规律[J].煤炭工程,2003(11):45-48.

[26] 张代均,鲜学福.煤大分子中官能团的红外光谱分析[J].重庆大学学报,1990,13(5):63-67.

[27] 王宝俊,李敏,赵清艳,等.煤的表面电位与表面官能团间的关系[J].化工学报,2004,55(08):1329-1334.

[28] 葛岭梅,薛韩玲,徐精彩,等.对煤分子中活性基团氧化机理的分析[J].煤炭转化,2001,24(3):23-28.

[29] 舒新前,王祖讷,徐精彩.神府煤煤岩组分的结构特征及其差异[J].燃料化学学报,1996,24(5):426-433.

[30] 余明高,郑艳敏,路长,等.煤自燃特性的热重-红外光谱实验研究[J].河南理工大学学报,2009,28(5):547-551.

[31] 赵彦生,叶峻岭,鲍卫仁,等.煤特性研究[J].煤炭转化,2002,25(1):1-6.

[32] 张丽芳,马蓉,魏贤勇,等.煤的溶胀技术研究进展[J].化学研究与作用,2003,15(2):182-186.

[33] 高晋生,陈苊,颜涌捷.煤大分子在有机溶剂中的溶解溶胀行为及其交联本性[J].华东理工大学学报,1998,24(3):318-323.

[34] Gao J S,Chen C,Yan Y J. Role of hydrogen bonding in swelling of coal[C]. Proceedings of International Conference of Coal Science, Essen（Germany），1997:163-166.

[35] Chrobok A，Swadzba M,Baj S. Oxygen Solubility in Ionic Liquids Based on 1-Alkyl-3-methylimidazolium Cations[J]. Polish Journal of Chemistry, 2007(3):337-344.

[36] Whitehead J A，Zhang J，Pereira N，et al. Application of 1-alkyl-3-methyl-imidazolium ionic liquids in the oxidative leaching of sulphidic copper, gold and silver ores[J]. Hydrometallurgy,2007(88):109-120.

[37] Sashina E S，Novoselov N P，Kuz'mina O G,et al. Ionic liquids as new solvents of natural polymers[J]. Fibre Chemistry,2008(40):270-277.

[38] 王美玲,臧洪俊,蔡白雪,等. 纤维素在离子液体[AMMor]Cl/[Amim]Cl混合溶剂中的溶解性能[J]. 高校学校化学学报,2009,30(7):1469-1472.

[39] Jacek Kumelan，Álvaro Pérez-Salado Kamps，Dirk Tuma，et al. Solubility of CO_2 in the Ionic Liquid[bmim][PF_6][J]. Fluid Phase Equilibria,2005: 207-211.

[40] Amitesh Maiti. Theoretical Screening of Ionic Liquid Solvents for Carbon Capture[J]. Chem. Sus. Chem.，2009(2)：628-631.

[41] Wing-Leung Wong，Pak-Ho Chan，Zhong-Yuan Zhou，et al. A Robust Ionic Liquid as Reaction Medium and Efficient Organocatalyst for Carbon Dioxide Fixation[J]. Chem. Sus. Chem.，2008(1):67-70.

[42] Zhaofu Zhang，Suqin Hu，Jinliang Song，et al. Hydrogenation of CO_2 to Formic Acid Promoted by A Diamine-Functionalized Ionic Liquid[J]. Chem. Sus. Chem.,2009(2)：234-238.

[43] Chrobok A，Swadzba M,Baj S. Oxygen Solubility in Ionic Liquids Based on 1-Alkyl-3-Methylimidazolium Cations[J]. Polish Journal of Chemistry,2007(3): 337-344.

[44] 袁久刚,范雪荣,王强,等. 离子液体预处理蛋白酶水解纤维素的研究[J]. 化学学报,2010,68(2):187-193.

[45] 耿胜楚,范天博,刘云义. 离子液体[Bmim]BF_4在神华煤溶胀预处理中的应用[J]. 煤炭转化,2010,33(2):35-38.

[46] 曹敏,谷小虎,张爱芸,等. 离子液体-煤浆体黏度的研究[J]. 煤炭转化,2009,32(3):40-43.

[47] 曹敏,谷小虎,张爱芸,等. 离子液体溶剂中煤溶胀性能研究[J]. 煤炭转化,

2009,32(4):58-60.

[48] Paul Painter, Neurxida Pulati, Ruveyda Cetiner, et al. Dissolution and Dispersion of Coal in Ionic Liquids [J]. Energy Fuels, 2010 (24): 1848-1853.

[49] Paul Painter, Ruveyda Cetiner, Nuerxida Pulati, et al. Dispersion of liquefaction catalysts in coal using ionic liquids[J]. Energy Fuels, 2010 (24): 3086-3092.

[50] 梁飞,张磊,方伟成,等.离子液体的分类、合成及在氟化工艺中的应用[J].化工技术与开发,2007,36(12):17-20.

[51] 田中华,华贲,王键吉,等.室温离子液体物理化学性质研究进展[J].化学通报,2004(67):1-9.

[52] 邓友全.离子液体——性质、制备与应用[M].北京:中国石化出版社,2006.

[53] 乔焜,邓友全.氯铝酸室温离子液体介质中 Blanc 氯甲基化反应的研究[J].化学学报,2003,61(1):133-136.

[54] 乔焜,邓友全.超强酸性室温离子液体反应介质中烷烃羰化研究[J].化学学报,2002,60(8):1520-1523.

[55] 乔焜,邓友全.室温离子液体反应体系中叔丁醇氢酯基化反应的研究[J].化学学报,2002,60(6):996-1000.

[56] 顾彦龙,彭家建,乔琨,等.室温离子液体及其在催化和有机合成中的应用[J].化学进展,2003,15(3):222-241.

[57] 张锁江,吕兴梅.离子液体——从基础研究到工业应用[M].北京:科学出版社,2006.

[58] 张锁江,姚晓倩,刘晓敏,等.离子液体构效关系及应用[J].化学进展,2009,21(11):2465-2470.

[59] 张锁江,刘晓敏,姚晓倩,等.离子液体的前沿、进展及应用[J].中国科学 B 辑:化学,2009,39(10):1134-1144.

[60] 李小华,杨富明,周清,等.磁性离子液体 1-甲基-3-丁基咪唑四卤化铁的合成及其物性表征[J].过程工程学报,2010,10(4):788-794.

[61] 李翠霞,张海郎,韩丽君,等.咪唑离子液体中离子热合成磷铝分子筛及其表征[J].光谱实验室,2008,25(6):1151-1154.

[62] 许邦莲,乐长高.[Bmim]PF$_6$ 促进氨基硫脲和甲酸的缩合反应[J].精细石油化工,2007,24(6):5-7.

[63] 乐长高.离子液体及其在有机合成反应中的应用[M].上海:华东理工大学

出版社,2007.

[64] 胡华勇,乐长高,罗岳平,等.[Bmim]Br$_3$与 β-二羰基化合物的选择性溴化
反应研究[J].光谱实验室,2009,26(3):752-755.

[65] 乐长高,钟涛,王艳峰,等.功能化离子液体液相合成 6-氨基-5-氰基-4-芳基-
2-甲基-4H-吡喃-3-羧酸甲酯[J].精细石油化工,2009,26(3):12-16.

[66] Ngo H L,Le Compte K,Hargens L,et al. Thermal properties of
imidazolium ionic liquids[J]. Thermochim Acta. ,2000:97-102.

[67] 石家华,孙逊,杨春和,等.离子液体研究进展[J].化学通报,2002(2):
243-250.

[68] 郭立颖.咪唑类离子液体的合成、对纤维素和木粉的溶解性能及其在高分
子中的应用[D].合肥:合肥工业大学,2009.

[69] 江滢滢,吴有庭,王文婷,等.二氧化硫和二氧化碳在离子液体支撑液膜中
的渗透率和选择性[J].中国化学工程学报,2009,17(4):594-601.

[70] 吴晓萍,刘志平,汪文川.分子模拟研究气体在室温离子液体中的溶解度
[J].化学工业与工程技术,2005(10):1138-1142.

[71] 纪红兵,程钊,周贤太.气体在离子液体中的溶解性能[J].天然气化工,
2008(33):54-57.

[72] Crosthwaite J M,Aki S N V K,Maginn E J,et al. Liquid phase behavior
of imidazolium-based ionic liquids with alcohols[J]. J. Phys. Chem. B,
2004,108(16):5113-5119.

[73] Crosthwaite J M,Aki S N V K,Maginn E J,et al. Liquid phase behavior
of imidazolium-based ionic liquids with alcohols:effect of hydrogen
bonding and non-polar interactions[J]. Fluid Phase Equilibr. ,2005(228):
303-309.

[74] Holbrey J D,Turner M B,Reichert W M,et al. New ionic liquids
containing an appended hydroxyl functionality from the atom-efficent.
one-pot reacton of 1-methylimidazole and acid with propylene oxide[J].
Green Chem. ,2003,5(6):731-736.

[75] Bonhote Pierre,Dias Ana-Paula,Papageorgiou Nicholas,et al.
Hydrophobic,Highly Conductive Ambient-Temperature Motten Salts
[J]. Michael Inorganic Chemistry,1996,35(5):1168-1178.

[76] Fadeev A G,Meagher M M. Opportunities for ionic liquids inrecovery of
biofuels[J]. Chem. Commun. ,2001(3):295-296.

[77] Huddleston J G,Willauer H D,Rogers R D. Room temperature ionic

liquid as novel media for "clean" liquid-liquid extraction[J]. Chemical Communication, 1998(16): 1765-1766.

[78] 马怀军.离子液体溶解和处理纤维素制备新材料[J].化学物理通讯,2006, 7(1):19-25.

[79] 朱吉钦,陈健,费维扬.新型离子液体用于芳烃、烯烃与烷烃分离的初步研究[J].化工学报,2004,55(12):2091-2094.

[80] Hank C,Gjohangsson A, Harper J B,et al. Why are aromatic compounds more soluble than aliphatic compounds in dimethylimidazolium ionic liquids? [J]. A simulation study Chem. Phys. Lett.,2003,374(1-2): 85-90.

[81] 张军,武进,张昊,等.纤维素在离子液体中的溶解与功能化[R]. 2005.

[82] 任强,武进,张军,等. 1-烯丙基-3-甲基咪唑室温离子液体的合成及其对纤维素溶解性能的初步研究[J].高分子学报,2003(3):448-451.

[83] 郑勇,轩小朋,许爱荣,等.室温离子液体溶解和分离木质纤维素[J].化学进展,2009(9):1807-1812.

[84] Fort D A, Remsing R C, Swaltloski R P, et al. Can ionic liquids dissolve wood? Processing and analysis of lingo cellulosic materials with 1-n-butyl-3-methyl imidazolium chloride[J]. Green Chemistry, 2007(9): 63-69.

[85] 罗慧谋,李毅群,周长忍.功能化离子液体对纤维素的溶解性能研究[J].高分子材料科学与工程,2005,21(2):234-239.

[86] 李秀艳,丰丽霞.桑蚕丝在离子液体中的溶解及再生性能[J].北京服装学院学报,2010,30(2):42-47.

[87] 辛海会.低阶煤自燃过程的原位红外光谱测试分析[D].徐州:中国矿业大学,2010.

[88] 陶国宏,陈知宇,刘伟山,等.功能化离子液体:极性的红外光谱法研究[C].第十二届全国催化学术会议,2005:1895-1897.

[89] 李润,何跃华,李玉荷,等.红外光谱中溶剂效应机理初探——配位机制的提出[J].光谱学与光谱分析,1995,15(6):33-40.

[90] 胡科诚,金松寿,张明星.溶剂效应与负离子的反应能力[J].杭州大学学报,1988,15(3):306-310.

[91] 付飞飞,邓宇.废纸在离子液体[Emim]Br 中的溶解特性[J].纸和造纸,2010,29(10):30-32.

[92] 李雪辉,江燕斌,张磊,等.N-酯基取代吡啶功能化离子液体的合成与表征[J].物理化学学报,2006,22(6):747-751.

[93] 王威.利用热重分析研究煤的氧化反应过程及特征温度[D].西安:西安科

技大学,2005.

［94］毛晓飞,李久华,陈念祖. 无烟煤燃烧试验中活化能计算方法的研究［J］. 热力发电,2008,37(10):23-27.

［95］郑燕升,莫倩,孟陆丽,等. 室温离子液体的分子动力学模拟［J］. 化学进展,2009,21(7/8):1427-1432.

［96］Lynden-Bell R M. Does Marcus thoery apply to redox processes in ionic liquids? A simulation study［J］. Electrochemistry Communications,2007(9): 1857-1861.

［97］Timothy I Morrow, Edward J Maginn. Molecular Dynamics Study of the Ionic Liquid 1-n-butyl-3-methyl-imidazolium hexafluorophosphate ［J］. Journal of Physical Chemistry B, 2003(107):9160.

［98］Margulis C J. Computational Study of Imidazolium Based Ionic Solvents with Alkyl Substituents of Different Lengths［J］. Molecular Physics, 2004(102):9-10.

［99］Kowsari M H, Alavi S, Ashrafizaadeh M, et al. Molecular dynamics simulation of imidazolium-based ionic liquids. I. Dynamics and diffusion coefficient［J］. J. Chem. Phys. , 2008, 129(22):224508.

［100］Urahata S M, Ribeiro M C. Structure of ionic liquids of 1-alkyl-3-methylimidazolium cations: a systematic computer simulation study［J］. J. Chem. Phys. , 2004, 120(4):1855-1863.

［101］Andrade J de, Boes E S, Stassen H. A force field for liquid state simulations on room temperature molten salts: 1-ethyl-3-methylimidazolium tetrachloroaluminate［J］. J. Phys. Chem. B, 2002(106): 3546-3548.

［102］Andrade J de, Boes E S, Stassen H. Computational study of room temperature molten salts composed by 1-alkyl-3-methylimidazolium cations-force-field proposal and validation［J］. J. Phys. Chem. B, 2002(106): 13344-13351.

［103］Lopes J N C, Deschamps J, Padua A A H. Modelling ionic liquids of the 1-alkyl-3-methylimidazolium family using an all-atom force field［J］. ACS SYMPOSIUM SERIES, 2005(901): 134-149.

［104］吴晓萍. 含室温离子液体体系的计算机模拟［D］. 北京:北京化工大学,2005.

［105］Mele A, Tran C D, Lacerda S H D. The structure of a room-temperature ionic liquid with and without trace amounts of water: the role of C-H ··· O and C-H ··· F interactions in 1-n-butyl-3-methylimidazolium tetrafluorobrate[J]. Angew, Chem, Edition, 2003 (42): 4364.

[106] Gozzo F C, Santos L S, Augusti R, et al. Gaseous supramolecules of imidazolium ionic liquids: "Magic" numbers and intrinsic strengths of hydrogen bonds[J]. Chem. Eur. J., 2004, 10(23), 6187-6193.

[107] Bini R, Bortolini O, Chiappe C, et al. Development of cation/anion "interaction" scales for ionic liquids through ESI-MS measurements[J]. J. Phys. Chem. B., 2007, 111(3): 598-604.

[108] 田国才,华一新,刘洪学. Emim-R 离子液体气相结构与光谱的密度泛函理论研究[J].计算机与应用化学,2008(02):169-173.

[109] 王勇.离子液体的结构及其相互作用[D].杭州:浙江大学,2007.

[110] Yong Wang, Haoran Li, Shijun Han. Structure and conformation properties of 1-alkyl-3-methylimidazolium halide ionic liquids: a density-functional theory study[J]. J. Chem. Phys., 2005, 123(17): 174501-174512.

[111] Carper W R, Meng Z, Wasserscheid P. NMR relaxation studies and molecular modeling of 1-butyl-3-methyl imidazolium PF_6[BMIM][PF_6] Ⅷ [J]. International Symposium on Molten Salts, 2003(19).

[112] Dong K, Zhang S, Wang D, et al. Hydrogen bonds in imidazolium ionic liquids[J]. J. Phys. Chem. A, 2006, 110(31): 9775-9782.

[113] Koβmann S, Thar J, Kirchner B, et al. Cooperativity in ionic liquids[J]. J. Chem. Phys., 2006(124): 174506-174515.

[114] 董坤,徐春明,高金森,等.咪唑型离子液体结构性质的量子化学研究[J].石油学报(石油加工),2004(06):1-7.

[115] 董坤,王大喜,高金森,等.咪唑型离子液体结构与催化性能的理论与实验研究Ⅲ.氯化咪唑离子液体氢键和结构性质的密度泛函计算研究[J].石油化工,2004,33(zl):444-446.

[116] 王大喜,董坤,高金森,等.氯化 1-乙基-3-甲基烷基咪唑分子结构及其氢键作用能的密度泛函研究[J].分子催化,2005(06):499-503.

[117] 高金森,王鹏,董坤,等.氯化烷基咪唑离子液体分子结构和红外光谱的模拟计算[J].石油学报,2006(01):72-76.

[118] 王鹏,王大喜,高金森,等.三氯化铝烷基氯化咪唑盐结构和红外光谱的模拟计算[J].高等学校化学学报,2006(08):1505-1508.

[119] 万辉,王小露,管国锋.[EPy][BF₄]和[EPy][PF₆]离子对的气相及液相阴阳离子相互作用研究[J].高等学校化学学报,2009(8):1615-1620.

[120] 王小露,万辉,管国锋.[EPy]Cl和[EPy]Br离子对的气相和液相结构及阴阳离子间的相互作用[J].物理化学学报,2008,24(11):2077-2082.

[121] 朱学英,张冬菊,刘成卜.N-烷基吡啶阳离子及其与若干阴离子形成的离子对结构的理论研究[J].化学学报,2007,23(9):2701-2706.

[122] 李鸿雁,王大喜,窦荣坦,等.烷基吡啶及氯化铝正负离子结构的密度泛函研究[J].分子科学学报,2006(5):306-311.

[123] 邢旭伟,姚淑娟,周成冈,等.几种常用离子液体阴离子吸附 SO₂ 行为的DFT 计算[J].武汉大学学报,2008,54(2):162-166.

[124] Li Xueliang, Chen Jiejie, Luo Mei, et al. Quantum Chemical Calculation of Hydroxyalkyl Ammonium Functionalized Ionic Liquids for Absorbing SO₂ [J]. Acta Physico-Chimica Sinica, 2010(5): 1364-1372.

[125] 陈卓,谢辉,胡长刚.功能离子液体[NH₂ p-bim]BF₄吸收 CO₂ 的密度泛函研究[J].化学研究与应用,2007,19(12):1322-1326.

[126] 朱学英.若干离子液体离子对结构及其与溶剂相互作用的理论研究[D].济南:山东大学,2008.

[127] Wang Yong, Li Haoran, Han Shijun. Theoretical Investigation of the Interaction between Water Molecules and Ionic Liquids[J]. J. Phys. Chem. B,2006(110):24646-24651.

[128] 赵继阳,丁爱芳.烷基咪唑四氟硼酸盐离子液体的量子化学研究[J].南京晓庄学院学报,2009,11(6):58-61.